Tasty Food
食在好吃

意大利面
焗烤比萨
一本就够

杨桃美食编辑部　主编

江苏凤凰科学技术出版社

图书在版编目（CIP）数据

意大利面焗烤比萨一本就够 / 杨桃美食编辑部主编
. -- 南京 : 江苏凤凰科学技术出版社 , 2015.8（2019.11 重印）
（食在好吃系列）
ISBN 978-7-5537-4225-0

Ⅰ . ①意… Ⅱ . ①杨… Ⅲ . ①面食 – 食谱 – 意大利
Ⅳ . ① TS972.132

中国版本图书馆 CIP 数据核字 (2015) 第 048765 号

意大利面焗烤比萨一本就够

主 编	杨桃美食编辑部
责 任 编 辑	葛 昀
责 任 监 制	方 晨
出 版 发 行	江苏凤凰科学技术出版社
出版社地址	南京市湖南路 1 号 A 楼，邮编：210009
出版社网址	http://www.pspress.cn
印 刷	天津旭丰源印刷有限公司
开 本	718mm×1000mm　1/16
印 张	10
插 页	4
版 次	2015 年 8 月第 1 版
印 次	2019 年 11 月第 2 次印刷
标 准 书 号	ISBN 978-7-5537-4225-0
定 价	29.80 元

图书如有印装质量问题，可随时向我社出版科调换。

轻松变身意大利大厨

　　说到西餐，就不得不提到意大利美食，作为西餐的鼻祖，意大利美食以其精致的造型和浓郁的口感，深受人们的喜爱。经典的意大利美食莫过于意大利面、焗烤美食和比萨了。

　　意大利的饮食文化氛围非常浓厚，光是意大利面的种类就高达 300 种，乳酪有 500 种，演变出千变万化的美食搭配。意大利美食最为注重原料的本质和本色，成品力求保持原汁原味，在菜品中习惯用蒜、葱、奶酪、西红柿这类食材，做法以炒、煎、烤居多，例如最受欢迎的意大利面和比萨便是如此。

　　国内的意大利餐厅由于其环境、成本等因素，对普通大众来说还是很昂贵的，那么想吃正宗的意大利美食，就非要去餐厅吗？事实上，只要你掌握了制作意大利美食的精髓，意大利经典美食意大利面、焗烤饭、比萨等，制作起来也是非常简单的。

　　其实自己做意大利面、比萨、焗烤美食非常简单，想要来盘好吃的意大利面，只要学会煮意大利面的方法，再搭配上基本酱汁及自己喜爱的食材，那么随时都可以吃到自己喜爱口味的意大利面；比萨只要学会厚片及薄片两种面团的制作，稍作变化就可做出你喜欢的比萨；做焗烤也很简单，掌握基本酱料制作、馅料处理、烘烤时间和温度，就可以轻松享受焗烤美味。这次我们要让你轻松变身成意大利大厨，一次学会制作意大利美食。

　　本书将传统的经典意大利美食分为意大利面、焗烤美食和比萨三部分，意大利面介绍了红酱、白酱、青酱等 6 种风味，就算你是挑剔的吃货，也可以找到自己喜欢的那一款；焗烤美食中介绍了经典焗烤美食、香浓焗烤饭和香浓焗面的做法，让喜欢焗烤的你可以大快朵颐；比萨中介绍了经典比萨、海鲜比萨、肉类比萨和蔬菜比萨四种，不管你是无肉不欢一族，还是素食主义一族，都能找到自己喜欢的美味比萨。书中详解了制作意大利美食常用到的酱料配方及食材，每一道美食都有详细的分解步骤，一步步教你变身意大利美食大厨，快来试试吧！

目录 Contents

意式美食常用材料

PART 3
比萨

意式美食常用材料

红酱

材料

西红柿 1 个，洋葱 1/3 个，西芹 1 根，蒜 2 瓣，橄榄油 1 大匙，西红柿糊 1 小匙，番茄酱 1 大匙，去皮西红柿罐头 100 克，罗勒 2 根，盐少许，黑胡椒少许，月桂叶 1 片，意大利什锦香料 1 小匙，水少许，白糖少许

面糊材料

动物奶油 1 大匙，面粉 3 大匙，水适量

做法

❶ 取一锅，先放入动物奶油烧热，再加入面粉略炒，接着放入水，混合搅拌均匀成浓稠状，即为面糊，备用。

❷ 西红柿、罐头去皮西红柿皆切成细丁；洋葱切细丁；西芹去叶后洗净，切成细丁；蒜切片，取一平底锅，倒入橄榄油，放入洋葱丁、西芹丁炒香。

❸ 加入西红柿丁拌炒，续放入罐头西红柿丁、蒜片、西红柿糊、番茄酱和水，拌煮至食材均匀软化且酱汁稍稠。

❹ 加入黑胡椒、盐、白糖、月桂叶、面糊拌煮均匀，再加入意大利什锦香料和罗勒，以小火煮至酱汁浓稠即可。

白酱

材料

洋葱 1/2 个，西芹 2 根，蒜 3 瓣，白酒 100 毫升，鲜奶 1 大匙，鸡高汤 300 毫升，月桂叶 2 片，百里香 1 根，橄榄油 1 大匙，盐少许

面糊材料

动物奶油 1 大匙，面粉 3 大匙，水适量

做法

❶ 洋葱切末；西芹去叶后洗净，切成细丁；蒜切片，备用。

❷ 取一锅，先放入动物奶油烧热，再加入面粉略炒，接着放入水，混合搅拌均匀成浓稠状，即为面糊。

❸ 取一炒锅，倒入橄榄油，放入洋葱末、西芹丁和蒜片先炒香。

❹ 接着放入月桂叶、百里香、白酒、鸡高汤，拌煮至食材均匀软化。

❺ 加入盐、面糊，拌煮均匀，加入鲜奶，以小火煮至酱汁浓稠即可。

蒜香黑胡椒酱

材料
动物奶油 1 大匙，蒜末 8 克，高汤 500 毫升，玉米粉 1 大匙，水 1 大匙，红葱头碎适量，盐适量，黑胡椒粒 20 克，匈牙利红椒粉 5 克

做法
❶ 取一深锅，放入动物奶油以小火煮至融化，放入蒜末、红葱头碎以小火炒香。

❷ 然后将黑胡椒粒、匈牙利红椒粉放入做法1的锅中以小火炒香，再加入高汤以小火熬煮20分钟。

❸ 将玉米粉加水搅拌均匀，倒入做法2的锅中勾芡，再放盐调味即可。

咖喱酱

材料
动物奶油 30 克，蒜末 3 克，洋葱末 50 克，西芹碎 50 克，高汤 800 毫升，盐适量，印度咖喱粉 20 克，郁金香粉 5 克，匈牙利红椒粉 5 克，豆蔻粉 5 克，胡荽粉 5 克，月桂叶 1 片

面糊材料
土豆（去皮）1 个，苹果 1 个，奶油白酱 2 大匙，高汤 200 毫升

做法
❶ 将所有面糊材料放入果汁机中搅打成泥状备用。

❷ 将动物奶油放入锅中以小火煮至融化，放入蒜末以小火炒香，再放入洋葱末炒软后，放入西芹碎炒软。

❸ 将印度咖喱粉、郁金香粉、匈牙利红椒粉、豆蔻粉、胡荽粉一起放入做法2的锅中以小火炒香后，加入高汤续以小火熬煮10分钟。

❹ 将做法1的面糊放入做法3的锅中拌煮约20分钟，其间用汤匙不时搅拌至汤汁收干约2/3的量，再以盐调味即可。

茄汁肉酱

材料
牛绞肉 300 克，猪绞肉 300 克，番茄酱 1 罐，蒜末 3 克，洋葱末 50 克，西芹碎 50 克，胡萝卜碎 30 克，月桂叶 1 片，红酒 120 毫升，牛高汤 2000 毫升，橄榄油 1 大匙，盐、胡椒粉各适量

做法
❶ 取一深锅，倒入橄榄油加热后，放入蒜末以小火炒香，再放入洋葱末炒至软化，再放入西芹碎及胡萝卜碎炒软。

❷ 于做法1的锅中放入牛绞肉、猪绞肉炒至干松后，放入月桂叶、红酒以大火煮沸让酒精蒸发。

❸ 转小火，放入番茄酱、牛高汤继续熬煮约30分钟至汤汁收干为2/3量时，再加盐、胡椒粉调味即可。

青酱

材料

　　罗勒50克，松子1大匙，橄榄油200毫升，冰块3块，蒜末适量，盐少许，黑胡椒粉少许，帕玛森奶酪1大匙

做法

❶ 先将松子放入搅拌机中，均匀地打成碎末状，再放入蒜末一起搅打均匀。

❷ 接着放入罗勒和水，一起搅打均匀。

❸ 再放入冰块和橄榄油继续搅打均匀。

❹ 最后加入盐、黑胡椒粉和帕玛森奶酪搅打均匀即可。

素食红酱

材料

　　西红柿2个，西芹2根，香芹2根，胡萝卜1/2条，罐头去皮西红柿500克，罗勒2根，百里香2根，橄榄油1大匙，番茄酱2大匙，月桂叶2片，面糊2大匙，水500毫升，盐少许，黑胡椒粒少许，白糖少许

做法

❶ 将西红柿、胡萝卜、西芹、去皮西红柿

罐头切成丁，香芹与百里香切碎，罗勒洗净。

❷ 炒锅先加入橄榄油，再加入做法1的材料（罗勒除外），以中火爆香。

❸ 再加入番茄酱、月桂叶、水、盐、黑胡椒粒、白糖，煮至酱汁出味。

❹ 最后加入面糊让酱汁变稠，再放入罗勒调味即可。

素食青酱

材料

　　茴香头250克，罗勒叶150克，西芹1根，香芹2根，帕玛森奶酪粉1大匙，橄榄油130毫升，松子50克，冰块5块，盐少许，黑胡椒粒少许，开水适量

做法

❶ 将茴香头、西芹、香芹切成碎状；罗勒叶洗净，备用。

❷ 将橄榄油、松子、冰块、盐、黑胡椒粒、开水依序加入搅拌机中，再加入做法1中的材料及帕玛森奶酪粉，搅拌均匀即可。

素食白酱

材料

土豆1个，西芹、百里香各2根，茴香头200克，油渍朝鲜蓟1大匙，橄榄油1大匙，月桂叶2片，动物奶油1大匙，鲜奶油200毫升，面糊2大匙，盐、黑胡椒粒、水各适量

做法

❶ 将西芹、土豆去皮切丁；油渍朝鲜蓟取出滤油切丁；百里香、茴香头切碎，备用。

❷ 炒锅先加入橄榄油，再加入做法1的材料，以中火爆香。

❸ 将月桂叶、动物奶油、鲜奶油、盐、黑胡椒粒和水加入做法2中，煮至蔬菜软化。

❹ 最后加入面糊，煮至酱汁变稠状即可。

莳萝酱

材料

动物奶油50克，蒜片3克，月桂叶1片，白酒100毫升，牛排酱2小匙，番茄酱2小匙，高汤250毫升，酱油、干燥莳萝碎、玉米粉、新鲜莳萝碎、盐、白糖、黑胡椒粉各适量

做法

❶ 热锅放入动物奶油，将蒜片加入爆香。

❷ 放月桂叶、白酒、牛排酱、酱油、高汤、番茄酱、干燥莳萝碎煮1分钟。

❸ 材料煮沸后放入盐、白糖、黑胡椒粉调味，并加入玉米粉勾芡。

❹ 起锅前加入新鲜莳萝碎增添香味即可。

桑葚陈醋酱

材料

青酱2大匙，桑葚1小匙，蒜末1/2小匙，意大利陈年酒醋1/2小匙，橄榄油适量

做法

❶ 锅烧热，放入少许橄榄油，以小火炒香蒜末和桑葚。

❷ 放入青酱和意大利陈年酒醋拌匀即可。

洋葱蘑菇酱

材料

动物奶油1大匙，蒜末3克，红葱头碎20克，蘑菇丁80克，高汤500毫升，番茄酱1大匙，玉米粉1大匙，水1大匙，盐适量，意大利香料粉5克，干洋葱片50克

做法

❶ 取一深锅，放入动物奶油以小火煮至融化后，放入蒜末、红葱头碎以小火炒出香味。

❷ 放入蘑菇丁以小火炒软，加入意大利香料粉、干洋葱片炒香，加入高汤及番茄酱熬煮20分钟。

❸ 将玉米粉加水搅拌均匀，倒入做法2的锅中勾芡，再加入盐调味即可。

黑椒茄酱

材料

红酱2大匙，蒜末1/4小匙，洋葱末1/4小匙，黑胡椒粒1大匙，橄榄油少许

做法

锅烧热，倒入少许橄榄油，以小火炒香蒜末，再放入洋葱末和黑胡椒粒、红酱炒匀即可。

莎莎酱

材料

洋葱末 120 克，果糖 5 大匙，西红柿丁 350 克，番茄酱 2 大匙，美国辣椒仔 2 大匙，柠檬汁 2 大匙

做法

将所有材料放入容器中，混合拌匀即可。

洋葱酱

材料

蒜片 20 克，红葱头片 20 克，西红柿碎 40 克，洋葱丝 50 克，番茄酱 2 大匙，西红柿糊 50 克，百里香少许，意大利香料 2 小匙，低筋面粉 1 大匙，高汤 600 毫升，盐、白糖、白胡椒粉各适量，月桂叶 1 片

做法

❶ 将蒜片与红葱头片爆香，加入西红柿碎、洋葱丝与月桂叶以中火拌炒2分钟。

❷ 加入番茄酱、西红柿糊，撒上百里香、意大利香料、低筋面粉，拌炒约2分钟，至材料全部熟软。

❸ 倒入高汤拌煮，滚沸3分钟。

❹ 起锅前加入盐、白糖、白胡椒粉调味即可。

菌菇酱

材料

蟹味菇 50 克，金针菇、香菇各 30 克，西芹碎、动物奶油各 40 克，洋葱末 50 克，月桂叶 1 片，蒜末 8 克，低筋面粉 4 大匙，鲜奶、高汤各 300 毫升，俄力冈粉 50 克，香芹碎 1/4 小匙，白酒 30 毫升

做法

❶ 蟹味菇、金针菇切段，香菇切片备用。

❷ 热锅，融化动物奶油后放入洋葱末、月桂叶、蒜末炒香，再加入低筋面粉炒1分钟。

❸ 加其余材料，以中小火拌炒2分钟即可。

泰式酸辣酱

材料

红酱 2 大匙，辣椒末 1/4 小匙，西红柿丁 20 克，蒜 10 克，洋葱末 1/4 小匙，柠檬汁 1/2 小匙，香菜末 1/4 小匙，橄榄油少许

做法

❶ 蒜切末，加入红酱中，再加入辣椒末、西红柿丁、洋葱末和香菜末拌匀。

❷ 锅烧热，放入少许橄榄油，加入做法1的材料，小火炒香。

❸ 淋入柠檬汁拌匀即可。

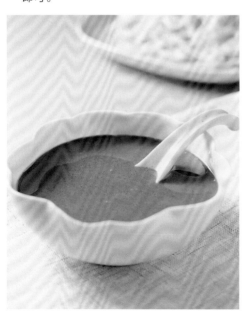

西西里肉酱

材料

茄汁肉酱 400 克，蒜末 1/4 小匙，洋葱末 1/2 小匙，鸡肝 200 克，猪肝 100 克，橄榄油少许

做法

❶ 将鸡肝、猪肝分别切成末。

❷ 锅烧热，放入少许橄榄油，以小火炒香蒜末和洋葱末。

❸ 再放入鸡肝末、猪肝末和茄汁肉酱炒匀，续以小火熬煮5~10分钟即可。

墨西哥辣酱

材料

红酱 3 大匙，墨西哥辣椒末 1/2 小匙，酸黄瓜末、洋葱末各 1/4 小匙，橄榄油少许

做法

锅烧热，倒入少许橄榄油，加入墨西哥辣椒末、酸黄瓜末和洋葱末炒香，接着再加入红酱炒匀即可。

法式芥籽奶油酱

材料

白酱 3 大匙，洋葱末 1 大匙，法式芥末籽酱 1 小匙，黄芥末酱 1/2 小匙，橄榄油适量

做法

锅烧热，倒入少许橄榄油，炒香洋葱末，加入法式芥末籽酱、黄芥末酱和白酱炒匀即可。

茴香酱

材料

动物奶油 40 克，洋葱末 50 克，月桂叶 1 片，小茴香 1 小匙，蒜末 10 克，土豆泥 70 克，低筋面粉 2 大匙，鲜奶 300 毫升，香芹碎 1/4 小匙，西芹碎 40 克，高汤 300 毫升，白酒 30 毫升

做法

❶ 热锅，融化动物奶油以小火炒香洋葱末、月桂叶、小茴香、蒜末。

❷ 加入土豆泥、低筋面粉炒1分钟，再加入鲜奶、香芹碎、西芹碎、白酒、高汤拌炒2分钟即可。

玛兹拉奶酪

它的特色是具有弹性的组织，色泽纯白，可以在奶酪融化后还能保有黏腻、浓稠的特性。经常被用来制作比萨，可刨成丝使用。

帕玛森奶酪

口感吃起来稍硬且粉粉的，并且会散发出浓郁干果香，市面上通常看到的帕玛森奶酪常为粉末状，直接撒在烘烤完成的成品上食用。

高熔点奶酪

所谓高熔点奶酪，就是经过烘烤加热后不会融化，能保有原本的形状，吃得到奶酪的口感。最适合用于卷心比萨的外圈，烘烤完后依然不会变形。

切达奶酪

成熟的切达奶酪外表有一层橘红色的皮，味道浓厚，浓郁中又带点盐分的风味，是喜爱重口味的老饕们所赞不绝口的。刨成丝撒在比萨上面，用来搭配肉类的比萨是最对味的选择。

奶油奶酪

它有着奶油般的香气与口感，质地松软，遇热则会融化。通常用在比萨的夹心饼皮，中间涂的那一层就是奶油奶酪；也常会用来制作烘焙点心。

小贴士	本书单位换算	
什锦海鲜：本书中的什锦海鲜是指墨鱼、鲜干贝、虾仁和鱼片的混合物。 什锦野菇：本书中指洋菇、杏鲍菇、香菇、美白菇、秀珍菇的混合物。	固体类／油脂类 1大匙≈15克 1小匙≈5克	液体类 1大匙≈15毫升 1小匙≈5毫升

PART 1

意大利面

意大利面不仅材料准备方便，做法上也没有太多难以掌握的技巧，但如果想要煮得好吃，可不单是把面丢进沸水中煮熟后拌一拌酱汁就可以。本篇要教你各式意大利面的好吃做法，不论是经典口味还是创意口味，本篇通通收录。

意大利面介绍

1.圆直面（长形意大利面）

圆直面是最常被使用的面条种类，分别有15毫米、16毫米和18毫米的粗细，最常被用来搭配西红柿口味的面酱，像是红酱或西红柿肉酱都很适合，面条煮至熟透约8分钟。

2.水管面（小水管通心面）

体积较小且表面平滑，不易抢走其他食材的口感，因此特别适合与其他食材搭配，适合冷食，也常用来做冷面或拌入蛋黄酱的沙拉中，面条煮至熟透约8分钟。

3.锯齿面

锯齿面为宽面的一种，因周围有锯齿又形似波浪，所以称锯齿面，也可称作波浪面，吃起来顺口弹牙，非常有嚼劲。锯齿面吸附酱汁的能力很好，是漂亮又好吃的意大利面种类之一，面条煮至熟透约8分钟。

4.细面（天使面）

细如面线般的天使发丝，以搭配较清淡或是较稀的酱汁为宜，如橄榄油清炒，比较不容易因为吸附太浓郁的面酱而品尝起来口感较腻，所需的水煮时间也较短，面条煮至熟透约5分钟。

5.贝壳面

贝壳面因为细小且口感细致独特，相当适合用来做面条汤，或是用于意式油醋酱汁的冷面或沙拉中，面条煮至熟透约8分钟。

6.螺旋面

外表螺旋形状的面纹易于粘附面酱，吃起来口感Q弹，故搭配浓郁的酱汁，如白酱或肉酱都很速配，面条煮至熟透约8分钟。

7.蝴蝶面

蝴蝶面两侧较为细柔，中间较厚实。面身造型非常容易粘附酱汁，因此适合搭配各式不同形态的面酱，面条煮至熟透约8分钟。

8.笔管面（斜管面）

外表空心斜口类似鹅毛笔笔尖，表面条纹可粘附浓厚的面酱，通常用于浓郁的酱汁或是奶酪焗烤的口味中，面条煮至熟透约8分钟。

9.宽扁面

宽扁面较厚粗，吃起来Q弹有嚼劲，卷成一团后又称鸟巢面，因为面条较宽，适合搭配味道较浓郁的面酱，如青酱和白酱，面条煮至熟透约8分钟。

10.千层面

千层面通常煮熟后于中间夹入肉酱或肉馅、奶酪或蔬菜馅层层迭起而成，大多为长方形，也常常以焗烤方式制作，面条煮至熟透约5分钟。

意大利肉酱面

材料

绞肉	80克
蒜末	1小匙
洋葱末	1大匙
西芹末	1/2大匙
胡萝卜末	1/2大匙
月桂叶	1片
西红柿糊	1/2大匙
西红柿粒	2大匙
意大利什锦香料	1小匙
圆直面	150克
橄榄油	适量
香芹末	适量
鸡高汤	500毫升
面粉	1大匙

调味料

鸡精	1/2大匙

做法

1. 起一油锅，放入绞肉以中火炒至金黄色，备用。

2. 另起油锅，炒香蒜末、洋葱末、西芹末和胡萝卜末，再加入意大利什锦香料、西红柿糊、西红柿粒、月桂叶和面粉，以小火炒香。

3. 加入做法1的绞肉，倒入鸡高汤，以小火熬煮约20分钟至浓稠状，加入鸡精调味，即成肉酱。

4. 将圆直面放入沸水中煮熟后，捞起泡冷水冷却，沥干再以少许橄榄油拌匀备用。

5. 起一油锅，将肉酱加入做法4的圆直面中炒匀，并撒上少许香芹末即可。

杏鲍菇红酱面

材料
贝壳面100克，杏鲍菇2朵，上海青2棵，奶酪丝50克，橄榄油1大匙，香芹叶少许

调味料
素食红酱2大匙，盐少许，黑胡椒粒少许

做法
❶ 将贝壳面煮熟备用。

❷ 将杏鲍菇切块，上海青切段备用。

❸ 炒锅加入橄榄油，再加入做法2的材料，以中火爆香。

❹ 加入贝壳面和奶酪丝翻炒均匀，续加入所有调味料一起搅拌，让汤汁略煮至稠状，最后以香芹叶装饰即可。

橄榄红酱面

材料
贝壳面100克，红心橄榄（罐头）1大匙，小黄瓜1根，蟹味菇1/2包，橄榄油1大匙

调味料
素食红酱2大匙，盐少许，黑胡椒粒少许

做法
❶ 将贝壳面煮熟备用。

❷ 将小黄瓜切块；蟹味菇洗净；红心橄榄沥水，备用。

❸ 炒锅加入橄榄油，再加入做法2的材料，以中火爆香。

❹ 最后加入贝壳面与所有调味料，煮至汤汁略收至稠状即可。

什锦菇面

材料
圆直面150克，西红柿块40克，蘑菇20克，鲜香菇20克，秀珍菇10克，蒜10克，橄榄油2大匙，高汤200毫升，罗勒叶少许

调味料
盐1/4小匙，红酱150克

做法
❶ 将圆直面入沸水煮约9分钟捞起。
❷ 将菇类材料洗净沥干切片；蒜切片，备用。
❸ 在平底锅倒入橄榄油，油热后放入蒜片，炒至金黄色后，放入做法2的所有菇类材料和西红柿块以小火拌炒1分钟。
❹ 在做法3中续加入红酱和高汤略煮拌匀，再放入煮熟的圆直面，加盐调味，放入罗勒叶装饰即可。

鲜虾干贝面

材料
圆直面150克，鲜虾2只，干贝2粒，芦笋（斜切）1支，罗勒叶碎10克，橄榄油2大匙，高汤200毫升，蒜末10克，洋葱末20克

调味料
盐1/4小匙，红酱150克

做法
❶ 将圆直面放入沸水中，煮8~10分钟捞起；鲜虾去头尾去壳，洗净备用。
❷ 在平底锅中倒入橄榄油，放入蒜末炒至金黄色后，放入洋葱末，炒软后加入鲜虾、干贝、芦笋及高汤，再放入调味料以小火炒2分钟。
❸ 将煮熟的圆直面加入做法2中拌匀，最后再放入罗勒叶碎拌匀即可。

茄汁海鲜面

材料
墨鱼面80克，虾仁30克，鱿鱼中卷10克，蛤蜊5克，蟹肉10克，罗勒叶少许，蒜末15克，洋葱末10克，番茄酱2大匙，橄榄油适量，西红柿汁30毫升

调味料
盐1/4小匙，白酒30毫升

做法
❶ 将墨鱼面放入沸水中煮8~10分钟，捞起泡冷水，加少许橄榄油拌匀。

❷ 鱿鱼中卷切成圈；蛤蜊放入盐水中吐沙。

❸ 将虾仁、蟹肉及鱿鱼中卷放入沸水中氽熟；蛤蜊入沸水氽烫至微开口捞出。

❹ 热油锅，以小火炒香蒜末、洋葱末，加入番茄酱、西红柿汁、墨鱼面及做法3的海鲜拌匀，最后加入所有调味料、罗勒叶即可。

竹笋红酱面

材料
圆直面100克，竹笋100克，胡萝卜50克，香芹1根，橄榄油1大匙

调味料
素食红酱2大匙，盐少许，黑胡椒粒少许

做法
❶ 将圆直面煮熟备用。

❷ 将竹笋去壳洗净，切丝；胡萝卜洗净切丝；香芹洗净切碎。

❸ 炒锅加入橄榄油，再加入竹笋丝、胡萝卜丝，以中火爆香。

❹ 最后再加入所有调味料与做法1的圆直面，翻炒均匀至汤汁呈稠状，撒上香芹末即可。

朝鲜蓟红酱面

材料

螺旋面100克，美白菇60克，毛豆15克，百里香1根，油渍朝鲜蓟（罐头）30克，橄榄油1大匙

调味料

素食红酱2大匙，盐少许，黑胡椒粒少许

做法

❶ 将螺旋面煮熟备用。

❷ 将油渍朝鲜蓟取出，滤油后切块；美白菇切小段；毛豆洗净汆烫去壳，备用。

❸ 炒锅加入橄榄油，再加入做法2的材料（油渍朝鲜蓟除外）和百里香，以中火爆香。

❹ 最后加入所有调味料与做法1的螺旋面和做法2的油渍朝鲜蓟，煮至稠状即可。

奶酪红酱面

材料

螺旋面100克，奶酪100克，青椒1个，黄甜椒1/3个，橄榄油1大匙

调味料

素食红酱2大匙，盐少许，黑胡椒粒少许

做法

❶ 将螺旋面煮熟备用。

❷ 将奶酪切成小块；青椒、黄甜椒切条，备用。

❸ 炒锅先加入橄榄油，再加入做法2的青椒条、黄甜椒条，以中火爆香。

❹ 最后再加入做法1的螺旋面与所有调味料，翻炒均匀，再放上做法2的奶酪装饰即可。

毛豆红酱面

材料
水管面100克，毛豆100克，罗勒2根，红辣椒1个，橄榄油1大匙

调味料
素食红酱2大匙，盐少许，黑胡椒粒少许

做法
❶ 将水管面煮熟备用。

❷ 将毛豆汆烫去壳；罗勒洗净取叶；红辣椒切片，备用。

❸ 炒锅加入橄榄油，再加入做法2的材料（罗勒除外），以中火一起爆香。

❹ 最后加入做法1的水管面、做法2的罗勒与所有调味料一起拌炒均匀，煮至汤汁收至稠状即可。

海鲜圆直面

材料
圆直面180克，橄榄油1大匙，墨鱼、蛤蜊、虾仁各适量，罗勒叶少许

调味料
红酱、盐各适量，奶酪粉少许

做法
❶ 将圆直面煮熟备用。

❷ 在平底锅中倒入橄榄油烧热，将洗净的墨鱼、蛤蜊、虾仁放入锅中以中火炒熟，加入适量盐调味。

❸ 将红酱加入锅中以小火煮1分钟，再倒入煮熟的圆直面拌匀即可起锅装入盘中。

❹ 依个人喜好撒上适量奶酪粉以及罗勒叶即可。

虾味芦笋面

材料
蝴蝶面100克，芦笋200克，虾仁5只，洋葱1/3个，橄榄油1大匙

调味料
素食红酱2大匙，盐少许，黑胡椒粒少许

做法
1. 将蝴蝶面煮熟备用。
2. 将芦笋去皮，切成段；虾仁切成小丁；洋葱去皮切片备用。
3. 炒锅加入橄榄油，再加入做法2的材料，以中火爆香。
4. 最后加入做法1的蝴蝶面与所有调味料一起翻炒均匀，酱汁煮至稠状即可。

鸡肉笔管面

材料
笔管面80克，鸡胸肉丝40克，洋葱丝10克，蒜片10克，香芹末、橄榄油各适量

调味料
红酱150克，白酒1大匙，盐1/4小匙，黑胡椒粒1/4小匙

做法
1. 笔管面放入沸水中煮8~10分钟至熟后，捞起泡冷水至凉，再以少许橄榄油拌匀，备用。
2. 热油锅，放入蒜片炒至金黄色时，加入洋葱丝、鸡胸肉丝、红酱及做法1的笔管面炒匀入味。
3. 于做法2的锅中再加入其余调味料拌匀，撒上香芹末即可。

炸土豆笔管面

材料
笔管面100克，土豆1个，西芹2根，红辣椒1个，橄榄油1大匙，百里香少许

调味料
素食红酱2大匙，盐少许，黑胡椒粒少许

做法
❶ 将笔管面煮熟备用。

❷ 将土豆去皮切块，放入190℃油锅中炸成金黄色，捞起备用；西芹洗净切成段状；红辣椒切丁备用。

❸ 炒锅加入橄榄油，再加入做法2的材料，以中火爆香。

❹ 最后加入做法1的笔管面，与所有调味料一起炒香，翻炒均匀后，煮至略收汤汁，盛盘，放上百里香装饰即可。

迷迭香红酱面

材料
锯齿面100克，迷迭香1根，豌豆荚30克，洋葱1个，红辣椒1个，橄榄油1大匙

调味料
盐少许，黑胡椒粒少许

腌料
素食红酱2大匙，盐少许，黑胡椒粒少许

做法
❶ 将锯齿面煮熟备用。

❷ 将洋葱去皮切成小片，放入腌料中腌制10分钟，再放入200℃烤箱中烤上色备用；豌豆荚切斜片；红辣椒切片备用。

❸ 炒锅加入橄榄油，加入做法2的材料炒匀。

❹ 最后再加入做法1的锯齿面与所有调味料一起炒香，略煮汤汁收至稠状，装盘，放上迷迭香装饰即可。

培根蛋汁面

📋 材料

圆直面	150克
蒜	15克
培根	2片
煮面水	75毫升
熟蛋黄	2个
动物奶油	30克
橄榄油	适量
香芹末	适量

🧂 调味料

盐	适量
黑胡椒粒	适量

📖 做法

❶ 煮一锅水，加入少许盐和橄榄油，放入圆直面煮4~5分钟至半熟状态，即可捞出沥干水分，放入大盘中以适量橄榄油拌匀，备用。

❷ 将熟蛋黄压碎，与动物奶油拌匀；蒜切碎；培根放入沸水中汆烫一下，捞出沥干水分切成小片状，备用。

❸ 热一平底锅，加入少许橄榄油，放入做法2的蒜末以中火爆香，接着加入培根炒香。

❹ 在做法3的锅中加入做法1半熟的圆直面拌炒均匀，接着加入煮面水与盐，炒至汤汁收干，撒上香芹末即可关火。

❺ 利用做法4的余温加入做法2的蛋黄奶油拌匀，接着撒上黑胡椒粒即可。

培根蛋奶面

材料
宽扁面80克，培根30克，洋葱丝10克，动物奶油30克，蛋黄1个，香芹碎1/4小匙，橄榄油适量

调味料
白酒20毫升，奶酪粉1大匙

做法
1. 将宽扁面放入沸水中煮8~10分钟至熟后，捞起泡冷水至凉，再以少许橄榄油拌匀；培根切成条状备用。
2. 热油锅，放入洋葱丝、培根炒香，加入动物奶油及做法1的宽扁面以小火拌煮约1分钟至面入味。
3. 起锅前加入调味料拌匀，最后撒上香芹碎，放上蛋黄即可。

培根洋葱面

材料
笔管面100克，培根3片，洋葱丝150克，蒜片10克，香芹末30克，胡萝卜丁20克，橄榄油适量

调味料
白酱5大匙，意大利什锦香料少许，盐少许，黑胡椒粒少许

做法
1. 将笔管面放入加有1大匙橄榄油和1小匙盐的沸水中，煮8分钟，捞起泡入冷水中，加入1小匙橄榄油，拌匀放凉；培根切片。
2. 热炒锅，先加入1大匙橄榄油，放入培根炒香，再加入胡萝卜丁、洋葱丝拌炒，接着加入白酱拌匀，加入其余调味料拌煮均匀，最后加入笔管面，混合拌匀，盛盘后撒上香芹末即可。

白酱三文鱼面

材料
圆直面120克，三文鱼丁100克，黑橄榄10克，豌豆荚10克，洋葱丁5克，蒜片2克，西红柿丁20克，橄榄油适量，莳萝叶少许

调味料
白酱2大匙

做法
❶ 将圆直面放入沸水中煮熟后，捞起泡冷水冷却，沥干再以少许橄榄油拌匀，备用。

❷ 取锅，倒入橄榄油加热，放入蒜片和洋葱丁炒香后，加入三文鱼丁、西红柿丁和黑橄榄拌炒，最后放入圆直面、豌豆荚和白酱，以大火炒匀，盛盘，放上莳萝叶装饰即可。

洋葱鱼卵面

材料
锯齿面100克，洋葱1/2个，圣女果5个，蒜3瓣，三文鱼卵1大匙，四季豆5条，奶酪丝30克，橄榄油1大匙

调味料
素食白酱2大匙，盐少许，黑胡椒粒少许

做法
❶ 将锯齿面煮熟备用。

❷ 将圣女果、洋葱、四季豆洗净切小片；蒜切末，备用。

❸ 炒锅先加入橄榄油，再加入做法2的材料，以中火爆香。

❹ 再加入做法1的锯齿面与所有调味料翻炒均匀，略煮至收汤汁。

❺ 最后再加入奶酪丝拌炒均匀，盛盘后放上三文鱼卵装饰即可。

白酱鳀鱼面

材料
圆直面100克，西红柿1个，洋葱1/3个，小芦笋10支，鳀鱼（罐头）1小匙，橄榄油1大匙，香芹末适量

调味料
素食白酱2大匙，盐少许，黑胡椒粒少许

做法
❶ 将圆直面煮熟备用。
❷ 将西红柿洗净切块；洋葱洗净切片；小芦笋洗净切小段，备用。
❸ 炒锅先加入橄榄油，再加入做法2的材料，以中火爆香。
❹ 最后加入做法1的圆直面、鳀鱼与所有调味料，煮至汤汁略收至稠状，盛出撒上香芹末即可。

南瓜白酱面

材料
圆直面100克，南瓜20克，洋葱1/3个，蒜2瓣，红辣椒1个，葱1棵，蟹腿肉1大匙，橄榄油1大匙，香芹叶少许

调味料
素食白酱2大匙，盐少许，黑胡椒粒少许

做法
❶ 将圆直面煮熟备用。
❷ 将南瓜、洋葱、红辣椒洗净切丝；蒜、葱洗净切片，备用。
❸ 炒锅加入橄榄油，再加入做法2的材料与蟹腿肉，以中火爆香。
❹ 最后加入所有调味料与做法1的圆直面，再以中火烩煮均匀，让酱汁略收至稠状，放上香芹叶装饰即可。

蟹肉天使面

材料
细面150克，蟹腿肉50克，芦笋（斜切）2支，动物奶油30克，高汤200毫升

调味料
白酱150克，白酒10毫升，盐1/4小匙

做法
❶ 细面在水煮沸时放入，煮5~7分钟即可捞起备用。

❷ 在平底锅中放入动物奶油，待融化后，加入蟹腿肉炒香，放入芦笋拌炒，再淋上白酒。

❸ 在做法2中加入其余调味料和高汤，最后再放入做法1煮熟的细面拌匀即可。

蟹肉墨鱼面

材料
墨鱼面80克，蟹肉40克，芦笋4支，蒜末10克，洋葱末20克，香芹碎1/4小匙，橄榄油适量

调味料
白酱1大匙，白糖1/2小匙，盐1/4小匙，黑胡椒粒1/4小匙，白酒2大匙

做法
❶ 将墨鱼面放入沸水中煮8~10分钟至熟后，捞起泡冷水至凉，再以少许橄榄油拌匀备用。

❷ 将芦笋斜切成段入沸水余烫后，冲凉沥干。

❸ 热油锅，小火炒香蒜末、洋葱末，加入蟹肉、做法1的墨鱼面和做法2的芦笋及所有调味料拌匀，撒上香芹碎即可。

奶油蛤蜊面

📋 材料
圆直面80克，蛤蜊12个，洋葱末10克，香芹碎1/4小匙，动物奶油40克，橄榄油适量

🍶 调味料
盐1/4小匙，白酒1大匙，黑胡椒粒1/4小匙

🍴 做法
❶ 将圆直面放入沸水中煮熟后，捞起泡冷水至凉，再以少许橄榄油拌匀，备用。

❷ 蛤蜊放在加入少许盐的水中吐沙，备用。

❸ 热油锅，炒香洋葱末，加入动物奶油、调味料及做法2的蛤蜊，煮到蛤蜊都开口后，加入做法1的圆直面拌匀，最后撒上香芹碎拌匀即可。

白酱三色面

📋 材料
蝴蝶面100克，豌豆荚50克，胡萝卜50克，红辣椒1个，西红柿1个，橄榄油1大匙，罗勒叶少许

🍶 调味料
素食白酱2大匙，盐少许，黑胡椒粒少许

🍴 做法
❶ 将蝴蝶面煮熟备用。

❷ 将豌豆荚、红辣椒、胡萝卜切片；西红柿切小块，备用。

❸ 炒锅先加入橄榄油，再加入做法2的材料，以中火翻炒均匀。

❹ 最后加入做法1的蝴蝶面与所有调味料翻炒均匀，让汤汁略收至稠状，放上罗勒叶装饰即可。

胡萝卜白酱面

材料
螺旋面100克，胡萝卜2/3根，土豆1/2个，小黄瓜1/2根，动物奶油1大匙，橄榄油1大匙，百里香少许

调味料
素食白酱2大匙，盐少许，黑胡椒粒少许

做法
1. 将螺旋面煮熟备用。
2. 将胡萝卜与土豆去皮再切成粗块状，并用动物奶油煮软；小黄瓜切滚刀备用。
3. 炒锅加入橄榄油，再加入做法2的材料，以中火爆香。
4. 最后加入做法1的螺旋面和所有调味料，以中火翻炒均匀，让酱汁略煮收干，盛盘放入百里香装饰即可。

什锦菇宽扁面

材料
宽扁面150克，鲜香菇片50克，秀珍菇20克，蘑菇片50克，橄榄油2大匙，蒜片10克，高汤200毫升，香芹碎适量

调味料
白酱150克，白酒10毫升，盐1/4小匙

做法
1. 宽扁面在水滚沸时放入，煮10~12分钟即可捞起备用。
2. 在平底锅中倒入橄榄油，放入蒜片炒香，加入鲜香菇片、秀珍菇、蘑菇片拌炒，再淋上白酒。
3. 在做法2中加入白酱和高汤拌匀，再加入盐调味，以小火煮约2分钟，最后放入做法1煮熟的宽扁面拌匀，再撒上香芹碎即可。

白酱栗子面

材料

圆直面120克，水煮熟栗子5颗，茄子片20克，红甜椒丝20克，黄甜椒丝20克，洋葱丝5克，蒜末2克，橄榄油、莳萝叶各适量

调味料

白酱2大匙

做法

❶ 将圆直面放入沸水中煮熟后，捞起泡冷水，再以少许橄榄油拌匀备用。

❷ 取锅，倒入橄榄油加热，放入蒜末和洋葱丝炒香后，加入茄子片、栗子和红甜椒丝、黄甜椒丝拌炒，最后放入做法1的圆直面和白酱，以大火炒匀，盛盘放入莳萝叶装饰即可。

芹菜土豆面

材料

笔管面100克，土豆1个，芹菜2根，圣女果5个，红辣椒1个，香芹1根，洋葱1/3个，橄榄油1大匙，百里香少许

调味料

素食白酱2大匙，盐少许，黑胡椒粒少许

做法

❶ 将笔管面煮熟备用。

❷ 将土豆切块；芹菜切条；圣女果对切；红辣椒切片；洋葱切丝；香芹切碎，备用。

❸ 炒锅加入橄榄油，再加入做法2的材料翻炒均匀。

❹ 最后再加入做法1的笔管面和所有调味料，略煮至收汤汁，盛盘放入百里香装饰即可。

青酱豆芽面

材料
圆直面100克，墨鱼丸3颗，洋葱1/3个，黄豆芽30克，蒜3瓣，红辣椒1个，上海青1棵，橄榄油1大匙

调味料
素食青酱2大匙，盐少许，黑胡椒粒少许

做法
❶ 将圆直面煮熟备用。

❷ 墨鱼丸切块；洋葱切丝；上海青切段；蒜切片；红辣椒切丝；黄豆芽洗净，备用。

❸ 炒锅先加入橄榄油，再将做法2的材料依序加入，以中火爆香，续加入煮熟的圆直面翻炒均匀。

❹ 最后加入所有调味料，再翻炒均匀即可。

松子青酱面

材料
圆直面180克，鲜虾4只，橄榄油1大匙，洋葱丝50克，高汤300毫升，红椒丝20克，熟松子10克，罗勒叶少许

调味料
青酱5大匙

做法
❶ 将圆直面煮熟备用。

❷ 将鲜虾去肠泥备用。

❸ 平底锅中放入橄榄油烧热，再加入洋葱丝爆香。

❹ 鲜虾放入锅中以中火炒至变红。

❺ 再加入圆直面与高汤、红椒丝大火拌炒1分钟。

❻ 关火后加入青酱拌匀，装盘后撒上熟松子和罗勒叶即可。

鲜虾青酱面

📋 材料

圆直面100克，培根2片，鲜虾10只，洋葱1/2个，蒜2瓣，罗勒叶少许，橄榄油适量

🧂 调味料

盐1小匙，青酱5大匙

🍴 做法

❶ 煮一锅水至滚，于水中加入1大匙橄榄油和1小匙盐，将圆直面放入沸水中，煮约8分钟至面熟后捞起泡入冷水中，再加入1小匙橄榄油，搅拌均匀放凉备用。

❷ 将培根和洋葱皆切丁；蒜切片；鲜虾挑除虾线后烫熟，剥去虾壳，备用。

❸ 热锅，先加入1大匙橄榄油，放入培根丁炒至变色，再放入洋葱丁、蒜片拌炒均匀。

❹ 再加入青酱、罗勒叶拌匀，最后加入鲜虾后，再和圆直面稍微拌煮均匀即可。

蟹味菇青酱面

📋 材料

圆直面100克，蟹味菇50克，洋葱1/2个，樱花虾1大匙，葱1棵，红辣椒1/2根，橄榄油1大匙

🧂 调味料

素食青酱2大匙，盐少许，黑胡椒粒少许

🍴 做法

❶ 将圆直面煮熟备用。

❷ 将蟹味菇去蒂切小段；洋葱、红辣椒切丝；葱切段；备用。

❸ 炒锅先加入橄榄油，再加入做法2的材料，以中火爆香。

❹ 最后加入做法1的圆直面和所有调味料翻炒均匀，再加入樱花虾炒均匀即可。

杏鲍菇青酱面

材料
圆直面100克，杏鲍菇2朵，蒜5瓣，洋葱1/3个，罗勒2根，红辣椒1个，橄榄油1大匙

调味料
素食青酱2大匙，盐少许，黑胡椒粒少许

做法
❶ 将圆直面煮熟备用。

❷ 将杏鲍菇、洋葱切块；蒜、红辣椒切片；罗勒洗净，择叶备用。

❸ 炒锅先加入橄榄油，再加入做法2的材料（罗勒除外），以中火爆香。

❹ 最后加入做法1的圆直面与所有调味料翻炒均匀，再加入做法2的罗勒拌炒一下即可。

牛肉宽扁面

材料
宽扁面80克，牛肉80克，洋葱末10克，青酱1大匙，蒜片10克

调味料
红酒10毫升，橄榄油适量，盐1/4小匙，黑胡椒粒1/4小匙

做法
❶ 将宽扁面放入沸水中煮熟后，捞起至凉，再以少许橄榄油拌匀。

❷ 将牛肉撒上盐、黑胡椒粒略腌。

❸ 热锅，以小火炒香蒜片，再放入做法2的牛肉与橄榄油，以中火煎至需要的熟度，加入红酒略煮后，起锅切片。

❹ 起一锅，将洋葱末炒香，加入青酱及做法1的宽扁面拌匀，再把做法3的切片牛肉放置盘中即可。

玉米笋青酱面

📋 材料
螺旋面100克，玉米笋100克，蒜3瓣，红辣椒1个，圣女果5颗，洋葱1/3个，橄榄油1大匙，香芹叶少许

📋 调味料
素食青酱2大匙，帕玛森奶酪粉1大匙，盐少许，黑胡椒粒少许

📋 做法
❶ 将螺旋面煮熟备用。

❷ 将玉米笋、洋葱切丝；蒜、红辣椒、圣女果切片，备用。

❸ 炒锅先加入橄榄油，再加入做法2的材料，以中火爆香。

❹ 最后加入做法1的螺旋面、素食青酱、盐和黑胡椒粒一起翻炒均匀，起锅前再加入帕玛森奶酪粉和香芹叶装饰即可。

塔香青酱面

📋 材料
贝壳面100克，罗勒3根，红甜椒1/2个，青椒1/4个，橄榄油1大匙

📋 调味料
素食青酱2大匙，盐少许，黑胡椒粒少许，动物奶油1小匙

📋 做法
❶ 将贝壳面煮熟备用。

❷ 将红甜椒、青椒切成小菱形片；罗勒择嫩叶，备用。

❸ 炒锅先加入橄榄油，再加入做法2的材料（罗勒除外），以中火爆香。

❹ 最后加入做法1的贝壳面，再加入所有调味料与做法2的罗勒翻炒均匀即可。

鸡肉青酱面

材料
圆直面120克，鸡胸肉片80克，蘑菇片20克，蒜片5克，红甜椒丁5克，黑橄榄片10克，橄榄油少许

调味料
青酱2大匙

做法
1. 将圆直面放入沸水中煮熟后，泡冷水冰镇后沥干，再以少许橄榄油拌匀备用。
2. 将蘑菇片和鸡胸肉片分别放入沸水中煮熟后，捞起泡冷水至凉备用。
3. 取一容器，放入所有材料和调味料，拌匀即可。

蛤蜊青酱面

材料
宽扁面150克，蛤蜊6颗，橄榄油2大匙，香芹叶少许，高汤400毫升

调味料
青酱100克，盐1/4小匙，白酒30毫升

做法
1. 在水滚沸时放入宽扁面，煮10~12分钟即可捞起备用。
2. 在平底锅中倒入橄榄油，放入蛤蜊，加入盐和高汤，淋上白酒，煮至蛤蜊打开后，捞起备用。
3. 在做法2中的锅中放入做法1煮熟的宽扁面，倒入青酱，以小火炒约1分钟后，加入做法2的蛤蜊拌匀，盛出装饰香芹叶即可。

烤蔬菜青酱面

材料
螺旋面100克，红甜椒、黄甜椒各1/3个，洋葱1/2个，蒜2瓣，鲜香菇2朵，百里香1根，橄榄油1大匙

调味料
素食青酱2大匙，盐少许，黑胡椒粒少许

腌料
辣椒粉1小匙，橄榄油1大匙，盐少许，黑胡椒粒少许

做法
1. 将红甜椒、黄甜椒、洋葱、鲜香菇、蒜切片，放入腌料腌10分钟后，放入200℃烤箱烤10分钟后取出。
2. 炒锅加油，将做法1的材料，以中火爆香。
3. 再加入煮熟的螺旋面，与所有调味料一起拌炒均匀，盛盘放入百里香装饰即可。

香菇青酱面

材料
贝壳面100克，鲜香菇30克，胡萝卜30克，罗勒叶适量，红辣椒1个，橄榄油1大匙

调味料
素食青酱2大匙，盐少许，黑胡椒粒少许

做法
1. 将贝壳面煮熟备用。
2. 鲜香菇去蒂切片；胡萝卜与红辣椒切片，备用。
3. 炒锅先加入橄榄油，再加入做法2的材料，以中火爆香。
4. 最后再加入做法1的贝壳面与所有调味料，翻炒均匀后，加入罗勒叶翻炒一下即可。

黄栉瓜罗勒面

材料
螺旋面100克，黄栉瓜1根，红甜椒1/2个，四季豆5条，罗勒2根，橄榄油1大匙，香芹叶少许

调味料
素食青酱2大匙，盐少许，黑胡椒粒少许

做法
❶ 将螺旋面煮熟备用。

❷ 将黄栉瓜、红甜椒、四季豆切小条；罗勒择嫩叶备用。

❸ 炒锅先加入橄榄油，再依序加入做法2的材料（罗勒除外），以中火翻炒均匀。

❹ 最后加入做法1的螺旋面、所有调味料与做法2的罗勒一起翻炒均匀，盛出装饰香芹叶即可。

栉瓜青酱面

材料
笔管面100克，生干贝3颗，绿栉瓜1/2根，黄栉瓜1/2根，红甜椒1/3个，蒜3瓣，香芹1根，橄榄油1大匙

调味料
素食青酱2大匙，盐少许，黑胡椒粒少许

做法
❶ 将笔管面煮熟备用。

❷ 将生干贝对切；黄栉瓜、绿栉瓜切成块；红甜椒、蒜切成片；香芹茎切碎，香芹叶备用。

❸ 炒锅先加入橄榄油，再加入做法2中除香芹叶外的材料，以中火爆香。

❹ 最后再加入做法1的笔管面与所有调味料一起翻炒均匀，盛出装饰香芹叶即可。

三丝青酱面

材料
圆直面00克，黑木耳2片，胡萝卜30克，小黄瓜1根，鸡蛋1个，橄榄油1大匙，罗勒叶少许

调味料
素食青酱2大匙，盐少许，黑胡椒粒少许

做法
❶ 将圆直面煮熟备用。

❷ 将黑木耳、胡萝卜、小黄瓜切成丝状；鸡蛋打散，倒入锅中煎熟后切丝，备用。

❸ 炒锅先加入橄榄油，再加入做法2的材料，以中火炒香。

❹ 最后再加入做法1的圆直面与所有调味料翻炒均匀，盛出装饰罗勒叶即可。

玉米青酱面

材料
水管面100克，玉米粒（罐头）50克，洋葱1/3个，红甜椒1/4个，橄榄油1大匙，松子1大匙，罗勒叶少许

调味料
素食青酱2大匙，动物奶油1小匙，盐少许，黑胡椒粒少许

做法
❶ 将水管面煮熟备用。

❷ 将洋葱、红甜椒切成片状；玉米粒沥水，备用。

❸ 炒锅先加入橄榄油，再加入做法2的材料，以中火爆香。

❹ 最后依序加入做法1的水管面、松子与所有调味料，再拌炒均匀，盛出装饰罗勒叶即可。

温泉蛋金枪鱼天使面

📋 材料

细面	100克
金枪鱼（罐头）	1/4罐
洋葱末	15克
蒜末	5克
酸豆	20克
黑橄榄	6颗
干辣椒	2个
香芹	10克
鸡蛋	1个
百里香	少许
橄榄油	适量

🧂 调味料

盐	适量
白胡椒粉	适量
白酒	80毫升

📖 做法

❶ 将酸豆、黑橄榄、干辣椒分别切碎；香芹切细末，备用。

❷ 取一小锅水，加热至70℃，将鸡蛋连壳放入，煮约15分钟后敲开蛋壳即为温泉蛋。

❸ 煮一锅沸水，放入盐，再加入细面煮3分钟后取出，略拌些橄榄油备用。

❹ 热锅倒入适量橄榄油加热，放入洋葱末、蒜末、干辣椒碎炒香，放入酸豆与黑橄榄炒匀，再放入金枪鱼、白酒炒匀，加入做法3的细面拌匀。

❺ 最后以适量的盐、白胡椒粉调味，起锅前撒上香芹末，盛盘后放上温泉蛋和百里香即可。

茄汁金枪鱼面

材料

圆直面120克，金枪鱼（罐头）50克，青豆20克，高汤150毫升

调味料

意大利什锦香料少许，香芹末少许，番茄酱2大匙

做法

❶ 圆直面放入煮沸的水中煮约4分钟后捞起，沥干水分备用。

❷ 热锅连汤汁倒入金枪鱼、高汤和所有调味料、青豆以中火拌煮约1分钟。

❸ 于做法2的锅中加入做法1的圆直面拌匀，续煮至汤汁略吸收即可。

鸡肉水管面

材料

熟水管面180克，鸡腿肉1块，动物奶油40克，洋葱丝40克，洋菇片30克，紫甘蓝丝、香芹末各少许

调味料

菌菇酱6大匙，盐、白糖、黑胡椒粒、奶酪粉各适量

做法

❶ 鸡腿肉切块并用适量盐、白糖、黑胡椒粒腌5分钟备用。

❷ 热锅，融化动物奶油，炒香洋葱丝、洋菇片，加入做法1的鸡腿肉块煮约5分钟。

❸ 加入熟水管面拌炒1分钟。

❹ 倒入菌菇酱拌炒均匀装盘，撒上适量奶酪粉、香芹末、紫甘蓝丝即可。

奶油鸟巢面

📋 材料
宽扁面150克，火腿丁30克，青豆20克，洋葱丁20克，动物奶油20克，香芹末适量，高汤200毫升

🫙 调味料
白酱150克，盐1/4小匙

🍲 做法
❶ 在水煮沸时放入宽扁面，煮10~12分钟即可捞起备用。

❷ 在平底锅中放入动物奶油，待融化后加入火腿丁和洋葱丁炒香，再加入青豆略炒。

❸ 在做法2中续加入调味料和高汤，最后再放入做法1煮熟的宽扁面拌匀，盛出撒上香芹末即可。

猪柳菠菜面

📋 材料
熟菠菜宽扁面180克，动物奶油40克，洋葱丝40克，猪里脊条60克，红甜椒丝30克，黄甜椒丝30克，生菜叶2片

🫙 调味料
茴香酱适量，奶酪粉适量

🍲 做法
❶ 小火融化动物奶油，炒香洋葱丝，放入猪里脊条煎约3分钟至熟；生菜装盘垫底，备用。

❷ 将菠菜宽扁面、红甜椒丝、黄甜椒丝放入锅中混合均匀，倒入茴香酱、做法1的猪里脊条拌炒均匀盛盘。

❸ 最后撒上适量奶酪粉即可。

黑椒茄汁面

材料
笔管面100克，蒜片1/4小匙，猪肉片80克，红甜椒片20克，黄甜椒片20克，皇帝豆10克，橄榄油适量

调味料
黑椒茄酱2大匙，煮面水2大匙

做法
❶ 在水滚沸时，放入笔管面煮约8分钟，即可捞起备用。

❷ 锅烧热，倒入少许橄榄油，放入蒜片和猪肉片炒香。

❸ 再加入黑椒茄酱和做法1煮熟的笔管面和煮面水，以小火拌炒均匀，最后放入红甜椒片、黄甜椒片和皇帝豆炒匀即可。

芥籽鸡丁面

材料
笔管面80克，鸡丁100克，圣女果（对切）20克，香菇片10克，西蓝花20克，黑橄榄片少许，橄榄油适量

调味料
法式芥籽奶油酱2大匙，煮面水2大匙

做法
❶ 在水滚沸时，放入笔管面煮约8分钟即捞起备用。

❷ 锅烧热，倒入少许橄榄油，放入鸡丁、圣女果和香菇片炒香。

❸ 再放入法式芥籽奶油酱和煮面水，以小火略炒1分钟。

❹ 续加入做法1煮熟的笔管面、西蓝花和黑橄榄片，以小火炒匀即可。

煎猪排宽扁面

材料
熟宽扁面180克，小里脊肉片6片，橄榄油1大匙，动物奶油40克，洋葱丝40克，黄甜椒丝10克，金针菇10克，莳萝叶适量

调味料
莳萝酱6大匙，酱油适量，盐适量，白糖适量，白酒适量，奶酪粉适量

做法
❶ 将小里脊肉片用酱油、盐、白糖、白酒腌10分钟，并热锅用橄榄油煎熟备用。

❷ 热锅融化动物奶油，加入洋葱丝炒香。

❸ 放入熟宽扁面、黄甜椒丝、金针菇拌炒1分钟。

❹ 再放入小里脊肉片略为拌炒，最后加入莳萝酱拌炒均匀即可装盘。

❺ 撒上适量奶酪粉，放上莳萝叶装饰即可。

墨西哥牛肉面

材料
宽扁面100克，牛肉片50克，西芹片10克，蒜片1/4小匙，辣椒片适量，洋葱片1/2小匙，橄榄油适量

调味料
辣酱2大匙，煮面水2大匙

做法
❶ 在水滚沸时，放入宽扁面煮约8分钟即捞起备用。

❷ 锅烧热，倒入少许橄榄油，放入蒜片、辣椒片和洋葱片炒香。

❸ 再放入牛肉片、辣酱、煮面水、做法1煮熟的宽扁面和西芹片，以小火炒匀即可。

南瓜鲜虾面

材料
绿藻面150克，南瓜泥200克，罗勒叶适量，虾仁3只，橄榄油适量，高汤500毫升，白酒30毫升，无盐奶油20克，面粉1大匙

调味料
盐1/4小匙

做法
❶ 绿藻面入沸水中煮8分钟捞起备用。

❷ 取锅放入无盐奶油，加入面粉以小火炒香，再加入南瓜泥拌匀，倒入100毫升高汤搅拌至无颗粒，即为南瓜酱。

❸ 在平底锅中倒入橄榄油，放入虾仁炒香，再淋上白酒。

❹ 在做法3中加入盐和400毫升高汤略煮，再放入南瓜酱炒约1分钟，放入做法1煮熟的绿藻面拌匀，放上罗勒叶装饰即可。

墨鱼宽扁面

材料
熟墨鱼宽扁面180克，墨鱼片适量，蛤蜊适量，虾仁适量，橄榄油50毫升，洋葱末1大匙，蒜末10克，罗勒叶适量

调味料
盐适量，黑胡椒粒适量，墨鱼酱2大匙

做法
❶ 将蛤蜊放在加有少许盐的水中吐沙；虾仁切丁备用。

❷ 用橄榄油将洋葱末与蒜末以小火炒约1分钟后，加入做法1的海鲜材料、墨鱼片及罗勒叶以小火炒2分钟。

❸ 炒熟后加入墨鱼酱、煮熟的墨鱼宽扁面拌匀，再撒上盐、黑胡椒粒调味，盛盘放上罗勒叶装饰即可。

桑葚陈醋鸡面

材料
圆直面80克，鸡胸肉丝30克，红甜椒丝5克，黄甜椒丝5克，蒜片3克，芦笋片5克，洋葱丝2克，橄榄油适量

调味料
桑葚陈醋酱2大匙，煮面水2大匙

做法
❶ 在水滚沸时，放入圆直面煮约8分钟即捞起备用。

❷ 锅烧热，倒入少许橄榄油，炒香蒜片、洋葱丝、红黄甜椒丝、芦笋片和鸡胸肉丝。

❸ 再加入桑葚陈醋酱、煮面水和做法1煮熟的圆直面，以小火拌炒均匀即可。

鸡肉蔬菜面

材料
贝壳面80克，鸡肉片50克，蒜片3克，西芹片5克，柳松菇10克，甜豆段10克，皇帝豆10克，花菜10克，橄榄油适量

调味料
泰式红咖喱酱1大匙，煮面水2大匙

做法
❶ 在水滚沸时，放入贝壳面煮约5分钟即捞起备用。

❷ 将西芹片、柳松菇、甜豆段、皇帝豆和花菜放入沸水中，烫熟捞起备用。

❸ 锅烧热，倒入少许橄榄油，放入蒜片、鸡肉片炒香。

❹ 再放入泰式红咖喱酱和煮面水、做法1煮熟的贝壳面和做法2的所有材料，以小火炒匀即可。

海鲜咖喱面

材料
笔管面80克，什锦海鲜80克，红辣椒圈、青辣椒圈各10克，茴香叶1/4小匙，橄榄油适量

调味料
爪哇咖喱酱2大匙，白酒1大匙，煮面水2大匙

做法
❶ 将什锦海鲜放入沸水中烫熟，捞起泡入冰水中备用。

❷ 在水滚沸时，放入笔管面煮约8分钟即捞起放入碗中。

❸ 锅烧热，倒入少许橄榄油，放入红青辣椒圈和做法1的什锦海鲜炒香。

❹ 续于做法3的锅中，放入爪哇咖喱酱、煮面水、白酒和做法2煮熟的笔管面，以小火炒匀，再撒上茴香叶即可。

咖喱南瓜面

材料
熟圆直面180克，动物奶油40克，洋葱丝40克，红椒丁30克，青椒丁10克，熟南瓜丁70克，香芹叶适量

调味料
咖喱酱6大匙，奶酪粉适量

做法
❶ 热锅后放入动物奶油，用小火炒香洋葱丝，再加入熟圆直面拌炒1分钟。

❷ 加入青椒丁、红椒丁与熟南瓜丁拌炒约1分钟。

❸ 最后加入咖喱酱炒均匀即可装盘。

❹ 撒上适量奶酪粉和香芹叶即可。

蒜香培根意大利面

材料

螺旋面	100克
培根	3片
蒜	25克
洋葱	1/2个
四季豆	5根
橄榄油	适量
鸡高汤	350毫升
动物奶油	1大匙
鲜奶	50毫升

调味料

盐	少许
黑胡椒	少许
意大利什锦香料	1小匙

做法

❶ 煮一锅水至滚，于水中加入1大匙橄榄油和1小匙盐，将螺旋面放入沸水中，煮约8分钟至面熟后捞起泡入冷水中，再加入1小匙橄榄油，搅拌均匀放凉备用。

❷ 培根和蒜皆切小片；洋葱切丁；四季豆洗净后切斜片，入热水中烫熟备用。

❸ 锅里倒入1大匙橄榄油烧热，将培根炒香后，加入洋葱丁、蒜片炒至洋葱丁变软，再加入鸡高汤煮至滚，放入螺旋面拌匀。

❹ 最后再依序加入其余调味料、材料和做法2的四季豆片，拌炒至均匀入味即可。

蛤蜊意大利面

材料
圆直面80克，蛤蜊8颗，蒜片10克，红辣椒片20克，罗勒叶、橄榄油各适量

调味料
白酒20毫升，盐1/4小匙，香芹碎1/4小匙，黑胡椒粒1/4小匙

做法
❶ 圆直面放入沸水中煮8~10分钟至熟后，捞起泡冷水至凉，再以少许橄榄油拌匀备用。

❷ 热油锅，以小火炒香蒜片、红辣椒片，再加入蛤蜊及白酒，至蛤蜊略开口后捞起。

❸ 于做法2的锅中放入做法1的圆直面煮1分钟，加入蛤蜊、罗勒叶及其余调味料拌匀即可。

蒜辣意大利面

材料
圆直面150克，蒜5瓣，红辣椒30克，煮面水60毫升，橄榄油适量，香芹碎适量

调味料
盐适量，黑胡椒粒1小匙

做法
❶ 煮一锅水，加入少许盐和橄榄油，放入圆直面煮4~5分钟至半熟，捞出沥干，加适量橄榄油拌匀。

❷ 蒜、红辣椒切片，备用。

❸ 热一平底锅，放入少许橄榄油，加入做法2的蒜片、红辣椒片以小火爆香至蒜片呈金黄色。

❹ 在做法3中加入做法1半熟的圆直面拌炒均匀，接着加入煮面水、黑胡椒粒、盐煮至汤汁收干，起锅前撒上香芹碎即可。

蛤蜊芹菜面

材料
圆直面150克，蛤蜊6颗，芹菜叶10克，圣女果片15克，蒜片10克，橄榄油2大匙，高汤400毫升

调味料
盐1/4小匙

做法
❶ 在水滚沸时，放入圆直面煮8~10分钟即捞起备用。

❷ 在平底锅中倒入橄榄油，放入蒜片炒香，再放入圣女果片续炒，加入蛤蜊、盐和高汤，煮至蛤蜊开口后捞起，备用。

❸ 在做法2的锅中，放入做法1煮熟的圆直面，以小火炒约1分钟后，放入芹菜叶、蛤蜊拌匀即可。

香辣泰式鸡面

材料
圆直面150克，蒜3瓣，鸡胸肉100克，红椒1/2个，炸腰果50克，香菜、橄榄油各适量

调味料
泰式辣椒粉1大匙，酱油1大匙，盐适量

做法
❶ 在煮滚的盐水(1%浓度)中加少许橄榄油，放入圆直面煮熟，捞起沥干备用。

❷ 将蒜切片；鸡胸肉切丝；红椒切丝备用。

❸ 将少许橄榄油在锅中烧热，放入蒜片爆香，加入鸡胸肉丝翻炒至肉色变白，加入调味料拌匀，再放入红椒丝与圆直面拌匀，装盘后撒上炸腰果和香菜即可。

蛤蜊墨鱼面

材料
墨鱼面100克，蛤蜊12~15颗，洋葱30克，蒜15克，红辣椒丁10克，芹菜叶少许，橄榄油50毫升，香芹适量

调味料
盐少许，白酒少许

做法
❶ 蛤蜊以冷水加盐浸泡2~3个小时，使其吐沙后倒掉，重复第2次吐沙后取出备用。

❷ 将洋葱洗净切碎；蒜拍碎；香芹切碎。

❸ 取一深锅，水煮开后放入墨鱼面，煮开后续煮6分钟即可捞出备用。

❹ 起油锅爆香洋葱末、红辣椒丁，加入蒜末、做法1的蛤蜊一起炒1分钟后，加入白酒，盖上锅盖，焖40秒后，放入做法3的墨鱼面、香芹末拌匀，盛盘放入芹菜叶装饰即可。

香辣牛肉面

材料
熟宽扁面180克，动物奶油40克，洋葱丝40克，牛肉片70克，青椒丝10克，胡萝卜丝40克，罗勒叶适量，干红辣椒80克，热开水500毫升，水750毫升，蒜末15克

调味料
盐2小匙，酱油2大匙，小茴香粉1/3小匙，米酒15毫升，水淀粉2大匙，奶酪粉适量

做法
❶ 干红辣椒用开水泡软与盐、酱油、大蒜、小茴香粉、米酒、水倒入果汁机打碎混合均匀，倒入锅中煮开后加入水淀粉勾芡。

❷ 以动物奶油炒香洋葱丝、牛肉片与做法1。

❸ 加入熟宽扁面拌炒，再加入青椒丝与胡萝卜丝拌炒，撒上奶酪粉和罗勒叶即可。

南瓜牛肉面

材料
圆直面120克，牛肉片100克，南瓜片50克，青豆20克，橄榄油适量，南瓜泥200克，水100毫升

调味料
盐1小匙

做法
1. 将圆直面放入沸水中煮熟后，捞起泡冷水冷却，沥干再以少许橄榄油拌匀备用。
2. 取锅，倒入橄榄油加热，放入牛肉片炒香后，加入南瓜片、南瓜泥、水、盐以小火炒熟，最后放入做法1的圆直面和青豆，以大火炒匀即可。

芦笋鸡肉面

材料
细面150克，芦笋4支，鸡胸肉150克，蒜末3克，西红柿1/4个，煮面水50毫升，动物奶油15克，橄榄油适量

调味料
盐适量

做法
1. 开水中加入少许盐和橄榄油，放入细面煮约2分钟至半熟状，即可捞出沥干水分，放入大盘中以适量橄榄油拌匀。
2. 芦笋切段；鸡胸肉切块；西红柿切丁。
3. 热锅加油，加入蒜末、鸡胸肉块炒香，再加入芦笋段、西红柿丁拌炒均匀。
4. 在做法3中加入煮面水、盐与做法1半熟的细面，煮至汤汁收干后，加入动物奶油拌匀即可。

什锦菇豚肉面

材料
圆直面120克，蘑菇片10克，香菇片、洋葱丝、杏鲍菇片各20克，梅花肉片80克，蒜片5克，黄甜椒丁10克，罗勒叶少许，高汤2大匙，橄榄油适量

调味料
盐1/4小匙，奶酪粉1大匙

做法
❶ 将圆直面放入沸水中煮熟后，泡冷水冷却，沥干再以少许橄榄油拌匀备用。

❷ 取锅，倒入橄榄油加热，放入蒜片、洋葱丝、蘑菇片、香菇片、杏鲍菇片炒香后，加入梅花肉片拌炒至熟，接着放入做法1的圆直面、高汤和全部调味料以小火炒匀。

❸ 将罗勒叶、黄甜椒丁加入做法2的锅中，以大火炒匀即可。

什锦菇蔬菜面

材料
圆直面80克，蘑菇片5克，香菇片3克，鲍鱼菇片5克，洋葱丝5克，红甜椒丝10克，黄甜椒丝10克，青椒丝10克，蒜片10克，高汤200毫升，橄榄油适量

调味料
白酒10毫升，盐1/4小匙，黑胡椒粉1/4小匙，奶酪粉1/2小匙

做法
❶ 将圆直面放入沸水中煮熟后，捞起泡冷水至凉，再以少许橄榄油拌匀备用。

❷ 热锅，大火炒香所有菇片后，加入蒜片、洋葱丝、圆直面、青椒丝、红甜椒丝、黄甜椒丝、高汤及所有调味料拌炒入味即可。

蔬菜意大利面

材料
螺旋面100克，玉米笋7支，芦笋100克，红甜椒1/2个，橄榄油适量

调味料
黑橄榄1大匙，月桂叶1片，盐少许，黑胡椒粒少许，普罗旺斯香草粉少许

做法
1. 将螺旋面放入加有橄榄油和1小匙盐的沸水中，煮8分钟后泡入冷水中，再加入1小匙橄榄油，搅拌均匀放凉备用。
2. 将玉米笋、红甜椒切小片；芦笋去除尾巴老梗再切小段，备用。
3. 炒锅倒入橄榄油，加入做法2的材料以中火先爆香，接着加入做法1的螺旋面和其余的调味料，中火翻炒均匀即可。

奶油双菇面

材料
贝壳面100克，杏鲍菇3朵，鲜香菇3朵，黄甜椒1/2个，橄榄油适量

调味料
意大利香料1小匙，盐适量，黑胡椒粒少许，月桂叶1片，动物奶油1大匙

做法
1. 将杏鲍菇与鲜香菇洗净，切片；黄甜椒洗净去籽切片，备用。
2. 将贝壳面放入加有1大匙橄榄油和1小匙盐的沸水中，煮8分钟后泡冷水，再加入1小匙橄榄油，搅拌均匀放凉备用。
3. 取一炒锅，加入1大匙橄榄油，再加入做法1的所有材料，以中火先爆香，再依序加入所有的调味料翻炒均匀，最后放入贝壳面略煮即可。

豌豆苗香梨面

材料

螺旋面100克，豌豆苗100克，红甜椒1/3个，梨1/2个，百里香1根，橄榄油1大匙

调味料

盐少许，黑胡椒粒少许

做法

❶ 将螺旋面煮熟；豌豆苗择嫩叶；红甜椒和去皮梨子肉切成小条状；百里香切碎，备用。

❷ 炒锅加入橄榄油，再加入红甜椒条和梨子条，以中火爆香。

❸ 加入做法1的螺旋面与所有调味料，再快速翻炒均匀，让汤汁略收干即可。

豆浆意大利面

材料

圆直面200克，原味豆浆200毫升，培根片80克，青豆20克，蒜末10克，洋葱末50克，蛋黄1个，动物奶油20克，橄榄油适量，香芹末少许

调味料

盐1/2小匙，黑胡椒粒少许

做法

❶ 煮一锅沸水，放入圆直面，加入少许盐与橄榄油，煮约12分钟至软后捞出备用。

❷ 热锅，加入动物奶油至融化后，爆香蒜末与洋葱末，再放入培根片、青豆炒香。

❸ 原味豆浆加热与蛋黄拌匀，倒入做法2的锅中续煮，再加入做法1的圆直面与盐、黑胡椒粒，一起混合拌炒均匀至入味，盛盘后撒上香芹末即可。

什锦海鲜面

材料
水管面120克，鲜虾6只，蛤蜊4颗，墨鱼中卷20克，蒜片10克，西红柿丁20克，黑橄榄片2克，罗勒叶少许，橄榄油1大匙

调味料
盐1小匙，白酒1大匙

做法
❶ 将水管面放入沸水中煮熟后，泡冷水冷镇后，沥干再以少许橄榄油（分量外）拌匀备用。

❷ 将全部海鲜材料放入沸水中烫熟，随即放入冰水中置凉，捞起沥干备用。

❸ 取一容器，将所有材料和调味料一起拌匀即可。

金枪鱼笔管面

材料
笔管面150克，金枪鱼（罐头）100克，沙拉酱50克，洋葱30克，水煮蛋1个，罗勒叶3克，橄榄油适量

调味料
粗黑胡椒粒1/4小匙，盐少许

做法
❶ 煮一锅水，加入少许盐和橄榄油，放入笔管面煮10~12分钟至熟，捞出沥干，以适量橄榄油拌匀。

❷ 洋葱切碎；罗勒叶切碎；水煮蛋的蛋白与蛋黄分开，蛋白切碎、蛋黄压碎，备用。

❸ 将金枪鱼罐头内的油全部沥干，加入做法2的洋葱末、蛋白碎与粗黑胡椒粒拌匀，接着加上沙拉酱、罗勒叶碎与做法1的笔管面拌匀，食用前加上做法2的蛋黄碎即可。

油醋汁凉面

材料
细圆面150克，红甜椒1/4个，黄甜椒1/4个，生菜少许，火腿丝少许，奶酪丝少许

调味料
橄榄油80毫升，红酒醋50毫升，蒜泥1大匙，洋葱末1大匙，香芹末少许，黑胡椒盐少许

做法
❶ 在煮滚的盐水(1%浓度)中加少许橄榄油，放入细圆面煮熟捞起，冲凉沥干备用。

❷ 将红甜椒、黄甜椒洗净，去籽切丁；生菜切丝备用。

❸ 将全部调味料拌匀成意式油醋汁备用。

❹ 将细圆面装盘，摆上做法2的所有材料及火腿丝、奶酪丝，淋上适量做法3的意式油醋汁即可。

意式鸡肉冷面

材料
螺丝面60克，鸡胸肉200克，生菜丝200克，圣女果6个，香菜叶少许

调味料
盐1/2小匙，白糖少许，酱油10毫升，陈醋15毫升，香油15毫升，葱花10克，橄榄油适量，黑胡椒粒少许

做法
❶ 将螺丝面煮熟，冷却后拌入少许橄榄油。

❷ 将所有调味料一起调匀成酱汁，备用；圣女果洗净对切，备用。

❸ 鸡胸肉洗净，放入沸水中以大火煮约15分钟，取出沥干，待凉切薄片备用。

❹ 将生菜丝铺入盘中，做法1的螺丝面放置中间，圣女果、鸡胸肉片排盘后，淋上做法2调好的酱汁，撒上香菜叶即可。

轻甜蔬果凉面

📋 材料
圆直面120克，胡萝卜10克，小黄瓜10克，苹果10克，水蜜桃（罐头）10克，香芹碎适量

🍶 调味料
沙拉酱50克，盐适量，白胡椒粉适量

🍳 做法
❶ 取一汤锅装水，加入少许盐后煮开，放入圆直面搅开煮至滚，再让其持续滚沸约12分钟。

❷ 将做法1煮好的圆直面捞起，泡入冰开水中至冷备用。

❸ 胡萝卜削皮，切成细丝；小黄瓜切细丝；苹果切细丝；水蜜桃切块。

❹ 所有调味料混匀，放入做法2和做法3的材料一起拌匀后，撒上香芹碎即可。

凉拌鸡丝面

📋 材料
细圆面70克，鸡胸肉100克，青甜椒、红甜椒各20克，小黄瓜15克，火腿15克，胡萝卜100克，香菜叶少许

🍶 调味料
芝麻酱14克，酱油10毫升，香油2小匙，柠檬汁20毫升，橄榄油适量，粗黑胡椒粒少许

🍳 做法
❶ 将细圆面煮熟，冷却后拌入少许橄榄油。

❷ 青甜椒、红甜椒、小黄瓜、胡萝卜切丝；火腿切丝，备用。

❸ 鸡胸肉放入沸水中煮约15分钟至熟后，捞出冷却撕成丝状，与做法2和做法1的材料一起置于盘中，淋上柠檬汁。

❹ 将调味料拌匀倒入做法3的面上，撒上香菜叶即可。

海鲜酸辣面

材料
细面100克，什锦海鲜100克，香菜末3克

调味料
酸辣酱2大匙

做法
❶ 将什锦海鲜放入沸水中，烫熟后捞起泡入
冰水中备用。

❷ 在水滚沸时，放入细面煮约6分钟即捞起放
入碗中。

❸ 在做法2的碗中淋上酸辣酱，加入做法1的
什锦海鲜拌匀，再撒上香菜末即可。

鲜虾凉拌细面

材料
细面100克，虾仁120克，西红柿1个，罗勒2
根，红辣椒1个

调味料
番茄酱1大匙，橄榄油1大匙，辣椒水少许，盐少
许，黑胡椒粒少许

做法
❶ 将虾仁放入沸水中氽烫熟备用。

❷ 将细面放入沸水中煮10分钟，捞起滤水后
冷却备用。

❸ 罗勒切丝；红辣椒、西红柿切丝，备用。

❹ 将所有材料与调味料一起搅拌均匀，再将
细面卷起盛盘即可。

莎莎酱鲜虾面

材料
细面80克，虾仁80克

调味料
莎莎酱3大匙，橄榄油适量，盐少许

做法
1. 煮滚一锅水，加少许盐，放入细面，用夹子搅开，煮3~4分钟至全熟，捞起沥干。
2. 将做法1的细面摊开在大盘上，加入适量橄榄油拌匀，放凉备用。
3. 将虾仁洗净，放入沸水中汆烫至熟，捞起泡冰水备用。
4. 将做法2的细面卷起放入盘中，再淋上莎莎酱，最后摆上做法3的虾仁即可。

菠菜凉面

材料
笔管面100克，菠菜100克，红甜椒50克，圣女果8颗，奶酪丁2大匙，青葱末3大匙，罗勒叶20克

调味料
橄榄油3大匙，白醋1大匙，芥末籽酱1小匙，盐1/2小匙，胡椒粉1/4小匙，蒜泥1小匙

做法
1. 将笔管面放入沸水中煮熟，捞起沥干水分，加入少许橄榄油（分量外）拌匀，盛入盘中放凉备用。
2. 菠菜洗净后，放入沸水中汆烫，再捞起沥干水分，切成碎末；红甜椒洗净沥干切丁；圣女果切片。
3. 将所有材料和调味料拌匀即可。

香橙虾仁冷面

材料
水管面120克，虾仁20克，红甜椒丁5克，黄甜椒丁5克，青椒丁5克

调味料
柳橙汁30毫升，橄榄油适量，盐适量，白胡椒粉适量，香芹粉适量，辣椒粉适量

做法
❶ 将水管面放入沸水中煮约10分钟，捞起泡入冰水中至冷。

❷ 虾仁洗净后入沸水中烫熟捞起。

❸ 取一大碗，加入柳橙汁、橄榄油、盐、白胡椒粉混匀，再放入红甜椒丁、黄甜椒丁、青椒丁、水管面及虾仁，一起拌匀后摆盘，撒上香芹粉、辣椒粉即可。

橙香天使面

材料
细面120克，柳橙20克，苹果10克，甜菜根10克，香菜3克，橄榄油适量

调味料
甜菜根丁20克，苹果丁20克，柳橙汁50毫升，酸奶60毫升，白糖少许，盐少许

做法
❶ 取一汤锅，加入适量水，待水滚后将细面放入锅中煮3~5分钟，捞起沥干，拌入些许橄榄油备用。

❷ 把所有调味料放入果汁机中打至均匀成香橙苹果甜菜酱；柳橙取肉切丁；苹果、甜菜根洗净切丁；香菜洗净切碎，备用。

❸ 盛入适量香橙苹果甜菜酱，再放上做法1的细面，撒上柳橙丁、苹果丁、甜菜根丁和香菜碎即可。

和风熏鸡面

材料
圆直面100克，熏鸡胸肉片30克，苜蓿芽5克，小豆苗2克

调味料
山葵1/2小匙，味醂5大匙，日式酱油1大匙，七味粉1/4小匙，柚子汁1大匙，橄榄油、盐各适量

做法
❶ 煮滚一锅水，加少许盐，放入圆直面，用夹子搅开，煮8分钟至全熟，捞起沥干后摊开在大盘上，加点橄榄油拌匀放凉备用。

❷ 将所有调味料拌匀成日式和风酱备用。

❸ 将做法1的圆直面加入适量做法2的日式和风酱拌匀，再摆上熏鸡胸肉片、苜蓿芽和小豆苗即可。

南洋风味面

材料
菠菜面100克，什锦海鲜80克，芦笋段30克，圣女果片5克，红辣椒片1小匙，橄榄油适量

调味料
蒜末1/2小匙，泰式鱼露3大匙，椰糖1大匙，红辣椒末1/2小匙，柠檬汁2大匙，泰式辣油1小匙，香菜末1/4小匙

做法
❶ 所有调味料拌匀成泰式酸辣酱。

❷ 煮滚一锅水，加少许盐（材料外），放入菠菜面煮8分钟至熟，捞起沥干。

❸ 将面条摊开在大盘上，加点橄榄油拌匀放凉；什锦海鲜入沸水汆熟后捞起。

❹ 将菠菜面加入泰式酸辣酱拌匀，摆上什锦海鲜、汆烫后的芦笋段、圣女果片和红辣椒片拌匀即可。

西芹冷汤面

材料
熟圆直面150克，西芹30克，胡萝卜80克，甜豆荚50克，凉开水300毫升

调味料
水果醋2大匙，盐1/2小匙，蜂蜜1大匙

做法
❶ 西芹洗净切小段；胡萝卜去皮切小块。

❷ 将做法1的西芹段、胡萝卜块、甜豆荚放入沸水中，以小火煮约10分钟捞出沥干。

❸ 将西芹段、胡萝卜块、凉开水全部放入果汁机中搅打呈泥状，滤出蔬菜汁备用。

❹ 将所有调味料加入蔬菜汁中搅拌均匀，即为西芹胡萝卜冷汤汁。

❺ 另取一碗，先将熟圆直面放入碗中，再将做法4的西芹胡萝卜冷汤汁倒在面上，再加上烫熟的甜豆荚及西芹胡萝卜泥即可。

西班牙冷汤面

材料
熟圆直面200克，西芹、胡萝卜各20克，西红柿1个，小黄瓜1/2根，红甜椒1/2个，洋葱50克，鸡高汤500毫升，蒜、橄榄油、香芹叶各少许

调味料
番茄酱2大匙，盐1/2小匙

做法
❶ 所有蔬菜切丁；蒜切碎，备用。

❷ 锅中注油烧热，放入蒜末爆香，再放入除小黄瓜外的所有蔬菜丁续炒约3分钟。

❸ 将鸡高汤倒入做法2的锅中，小火煮20分钟，再加入所有调味料即可熄火。

❹ 待做法3的材料冷却，与小黄瓜丁一起装盘，放置冰箱冰凉即为西班牙冷汤汁。

❺ 将圆直面放入碗内，倒入西班牙冷汤汁，放上香芹叶装饰即可。

米兰式米粒面

材料
米粒面180克，动物奶油40克，洋葱末40克，培根丝40克，橄榄油60毫升，熟西蓝花6朵，蒜末10克，西红柿块350克，奶酪粉适量，罗勒叶20片，水200毫升

调味料
番茄酱6大匙，盐适量，帕玛森干酪2大匙

做法
❶ 热锅，放入橄榄油，炒香洋葱末、蒜末，西红柿块放入锅中拌炒，加入番茄酱与水煮1分钟，加盐调味，起锅前撒上罗勒叶与帕玛森干酪成米兰番茄酱。

❷ 以小火用动物奶油炒香培根丝，加入煮熟的米粒面拌炒1分钟。

❸ 加入熟西蓝花略炒，最后加入适量米兰番茄酱炒匀，装盘并撒上适量奶酪粉即可。

意式风味凉面

材料
螺旋面100克，红甜椒碎20克，黑橄榄20克，洋葱末1大匙，芹菜碎1大匙，什锦胡椒碎1小匙

调味料
橄榄油3大匙，意大利陈醋2大匙，红酒醋1大匙，凉开水3大匙，柳橙碎2大匙，罗勒叶碎1小匙，香芹碎1小匙，蒜末1/2小匙，薄荷叶碎1小匙，奶酪粉1大匙

做法
❶ 将螺旋面放入沸水中煮熟，捞起沥干，加入少许橄榄油（分量外）拌匀，放凉。

❷ 将所有调味料混合拌匀成意式风味酱汁；黑橄榄切片，备用。

❸ 于做法1的螺旋面上淋上适量意式风味酱汁，再放上做法2的黑橄榄和其余材料，食用前拌匀即可。

PART 2

焗烤美食

　　其实"焗"这个字最早是指将食物包起来，放入炒热的盐中加热至熟，经过时代的变迁，"焗烤"已经变成泛指将食材先行处理至熟，再添加酱料或奶酪烤至表面焦黄的制作方法。焗烤美食的制作大致分为三大程序：基本酱料制作、馅料处理、烘烤。因此只要掌握好这三大程序，焗烤美食也就可以轻松上手了。

如何处理馅料

丰富的馅料是焗烤的特色。无论是蔬菜、海鲜、肉类、面条或米饭，容器内层层叠叠的食材，若没事先处理，很容易导致焗烤表皮焦黑，内馅却半生不熟的情况。常见的馅料处理可分为炸、炒、煎、烫等几种方式。

馅料先炒熟

焗烤美食中，通常将食材先炒熟，在快炒的过程中还可先行调味，让焗烤的内馅多了更丰富的口感，也跳脱了只有单一底酱的滋味，体积小又容易熟的食材，可采用此方式处理，最为方便和省事。

材料先煎熟

与油炸有着相似的效果，可将食材的鲜味彻底包裹，通常还会利用动物奶油作为主要使用油，因此煎完后的食材会散发一股奶油香味，再与焗烤的奶酪和牛奶香搭配，滋味浓郁无比，通常用于不需加热过久但体积稍大的食材，如明虾、肉排等。

食材先油炸

食材经过油炸程序，可将食材的鲜味包裹住，并增添油炸物的独特香气，通常会用于一些体积较大，且在短时间里不容易煮熟，或者重鲜味的食材，如：海鲜类，经过油炸可快速熟透，再搭配上奶酪一起烤，风味更吸引人。

入锅先氽烫

氽烫是最简单的制作方式，但却可以保留食材最新鲜的原味，也不会让食材增添其他不必要的味道。若想呈现食材原本的风味，可以利用氽烫的方式，焗烤后的菜肴味道会较清爽，通常易熟的海鲜或蔬菜都可利用此方式处理。

如何烤出金黄色

想要烤出金黄色泽的焗烤美食，其实并没有想象中的困难，只要掌握以下几大关键点，就可以轻松踏入金黄焗烤的门槛，做出好吃好看的焗烤美食。

选择有上下火开关的烤箱

随着烤箱设计上的不同，焗烤出的成品也不太一样，做焗烤美食前，可先检视一下家中烤箱是否同时具备了控制上火、下火的功能。可调整上火、下火的烤箱，不仅较容易掌握焗烤时成品的成功度，也更容易烤出内熟外金黄的成品。

烤箱别忘先预热

在将精心完成的半成品放入烤箱前，可别忘了先让烤箱预热，通常以 180℃ 预热约 10 分钟，当烤箱维持着一定的热度，放入烤箱中的半成品也较容易在设定的温度下，烤出理想又美味的色泽与外观。

时间、温度随食材不同有所差异

随着焗烤的食材不同，需要调整上火、下火和焗烤的时间长短，如一般的蔬菜和肉类，在焗烤时会因食材的厚薄度和易熟程度不同而有所差异。

加些蛋黄液色泽更金黄

焗烤时要拥有金黄色泽，除了撒上一般的奶酪丝外，适时淋上少许蛋黄液，也可以增加焗烤美食的色泽度。在示范的菜色中，有些焗烤美食只是简单地以沙拉酱和蛋黄液混合调匀过后，直接淋在蔬菜食材上，然后放入烤箱中焗烤就可达到美味的金黄色泽。

换个方向烤颜色更均匀

因为烤箱内的温度受热不均匀，所以放入焗烤的成品也会因位置的不同，导致成品表面的金黄色泽不均匀。所以在焗烤过程中，可将较焦黄的部分和不易上色的部分，在位置上做个调换，如此可让整个成品颜色烤得均匀。

焗烤芥末明虾

材料
明虾2只，香芹末少许

调味料
奶酪丝20克，黄芥末酱1/4小匙，沙拉酱1大匙

做法
❶ 所有调味料拌匀备用。

❷ 明虾从背部切开（勿断）挑去肠泥，淋上做法1调匀的调味料。

❸ 将做法2的明虾放入烤箱中，以上火250℃、下火150℃烤约1分钟，烤至表面呈金黄色取出，最后撒上少许香芹末装饰。

焗甜椒海鲜

材料
什锦海鲜100克，黄甜椒1/2个，红甜椒1/2个，青豆2克

调味料
奶酪丝20克，动物奶油20克

做法
❶ 黄甜椒、红甜椒去籽洗净备用。

❷ 什锦海鲜放入滚水中氽烫1分钟，捞起，加入青豆、奶酪丝、动物奶油拌匀。

❸ 将做法2的食材填入红甜椒、黄甜椒内，放入烤箱以上火250℃、下火150℃烤约2分钟，烤至表面呈金黄色即可。

咖喱鲜虾豆腐

材料

木棉豆腐1块，鲜虾12只，洋葱末50克，蒜末5克，白酒1大匙，高汤100毫升，奶酪丝100克，橄榄油适量

调味料

咖喱酱2大匙

做法

❶ 木棉豆腐横切成四等份备用。

❷ 鲜虾处理干净，虾背切开（不要切断）。

❸ 橄榄油倒入平底锅烧热，加入洋葱末、蒜末炒香，再放入鲜虾、白酒，转大火煮至酒精挥发，加入咖喱酱和高汤即成酱料。

❹ 在烤盘表面抹一层橄榄油，先放一层豆腐块，依序淋上酱料，撒上一层奶酪丝。

❺ 预热烤箱至180℃，将做法4放入烤箱中，烤10~15分钟至表面呈金黄色即可。

焗烤鳄梨鲜虾

材料

鳄梨1个，鲜虾12只，动物奶油1大匙，蒜末5克，洋葱末50克，白酒1大匙，高汤100毫升，奶酪丝100克

调味料

白酱2大匙

做法

❶ 鳄梨去籽切片；鲜虾去壳、去肠泥。

❷ 取平底锅，用动物奶油以小火将蒜末炒香，加入洋葱末炒软，加入鲜虾、白酒，转大火，让酒精蒸发。

❸ 将鳄梨片、白酱、高汤放入做法2的锅中，以小火拌炒匀，再倒入烤盘中，撒上一层奶酪丝。

❹ 预热烤箱至180℃，将做法3的烤盘放入烤箱中，烤10~15分钟至表面呈金黄色即可。

焗咸蛋黄蛤蜊

材料
丝瓜1条，蛤蜊100克，蒜末10克，奶酪丝适量，咸蛋黄2个，冷开水120毫升，橄榄油适量

调味料
盐1小匙

做法
❶ 丝瓜去皮、去籽，切成长条状。

❷ 奶酪丝和咸蛋黄混合拌匀备用。

❸ 热锅后，先加入少许橄榄油，关火后以冷油将蒜末炒出香味，加入蛤蜊和丝瓜条拌炒后，加入冷开水、盐煮至蛤蜊开壳、丝瓜煮软后，盛入容器中。

❹ 在做法3的半成品上，撒上做法2的材料，放入已预热的烤箱中，以上火250℃、下火100℃烤5~10分钟，至表面略焦黄上色即可。

焗烤咖喱蟹

材料
螃蟹2只，面粉适量，橄榄油适量，洋葱丝50克，红甜椒丝3克，高汤200毫升，奶酪丝100克

调味料
咖喱酱4大匙，盐少许

做法
❶ 螃蟹洗净切块，撒少许盐后裹一层面粉。

❷ 起油锅，将螃蟹块放入160℃的油锅中，以小火炸熟后捞起沥油。

❸ 橄榄油放入平底锅烧热，加入洋葱丝、红甜椒丝以小火炒软。

❹ 将做法2的螃蟹块、咖喱酱、高汤，分别倒入做法3的锅中略拌炒后，倒入烤盘中，再撒上一层奶酪丝。

❺ 预热烤箱至180℃，将做法4的烤盘放入烤箱中，烤10~15分钟至表面呈金黄色即可。

焗烤蒜香田螺

材料
田螺（罐头）18颗，奶酪丝100克，莳萝叶少许

调味料
蒜香黑胡椒酱适量

做法

❶ 取深锅，倒入适量的水以大火煮至滚沸后，将洗净的田螺放入氽烫约10秒，捞出备用。

❷ 将做法1的田螺放进烤盘中，先淋上蒜香黑胡椒酱，再撒上一层奶酪丝。

❸ 预热烤箱至180℃，将做法2的烤盘放入烤箱中，烤10~15分钟至表面呈金黄色，放上莳萝叶装饰即可。

茄香腐衣豆腐

材料
豆腐1盒，腐皮1张，西红柿片50克，罗勒叶适量，奶酪粉适量，奶酪丝适量，香芹叶适量

调味料
青酱30克，红酱30克

做法

❶ 豆腐切成块状，腐皮切成片，均放入滚水中氽烫，捞起铺入焗烤容器中，再穿插放入西红柿片，并放上罗勒叶。

❷ 接着淋上青酱和红酱，再撒上奶酪粉和奶酪丝，放入已预热的烤箱中，以上火250℃、下火100℃烤5~10分钟至表面略焦黄上色，放入香芹叶装饰即可。

焗烤奶油扇贝

材料
扇贝3个，香芹末少许

调味料
奶酪丝20克，蒜末1/2小匙，动物奶油20克

做法
1. 扇贝放入滚水中氽烫约1分钟，捞起备用。
2. 将奶酪丝、蒜末、动物奶油加热拌匀，淋在做法1的扇贝上。
3. 将做法2的材料放入烤箱中，以上火200℃、下火150℃烤约6分钟，烤至表面呈金黄色。
4. 最后撒上少许香芹末装饰即可。

焗烤干贝

材料
鲜干贝300克，动物奶油1大匙，白酒1大匙，奶酪丝100克，迷迭香少许

调味料
蒜香黑胡椒酱2大匙

做法
1. 鲜干贝洗净备用。
2. 取一平底锅，将动物奶油放入锅中以小火煮至融化，放入做法1的鲜干贝，以小火煎至两面呈金黄色后，倒入白酒转大火，让酒精挥发。
3. 将做法2的鲜干贝放进烤盘，淋上蒜香黑胡椒酱，再撒上一层奶酪丝。
4. 预热烤箱至180℃，将做法3的烤盘放入烤箱中，烤10~15分钟至表面呈金黄色，放入迷迭香装饰即可。

焗青口

材料
青口6颗，面包粉100克，奶酪丝20克，橄榄油10毫升，香芹碎1大匙，迷迭香碎1小匙

调味料
红酱3大匙

做法
❶ 将青口的肉取出，放入酒水（材料外）中汆烫后，捞出对切备用。

❷ 先在青口壳内加入少许红酱，再放入做法1的青口，并盖上混合好的面包粉、奶酪丝、橄榄油、香芹碎和迷迭香碎。

❸ 放入已预热的烤箱中，以上火250℃、下火100℃烤5~10分钟，至外观略上色即可。

焗烤双色薯片

材料
红薯片200克，土豆片200克，奶酪丝100克，面粉1/2大匙，香芹末少许

调味料
动物奶油200克，高汤100毫升

做法
❶ 将红薯片、土豆片煮熟，取出沥干；调味料与面粉加热拌匀。

❷ 将1/2煮熟的红薯片铺在焗烤盘内，淋上1/4已拌匀的调味料。

❸ 取1/2煮熟的土豆片铺在做法2的焗烤盘内，淋上1/4已拌匀的调味料。

❹ 将做法2、3重复1次，最后摆上奶酪丝，放入烤箱中以上火100℃、下火100℃烤约10分钟，烤至表面呈金黄色，撒上香芹末即可。

三文鱼薯片

🐟 材料
三文鱼300克，动物奶油2大匙，高汤50毫升，
土豆片、洋葱末、奶酪丝各适量

🍶 调味料
白酱1大匙，盐1小匙，白酒1大匙

🍲 做法
❶ 三文鱼切片，以盐及白酒腌10分钟。

❷ 将1大匙动物奶油放入平底锅煮融化，放进
三文鱼片煎成两面呈金黄色，起锅备用。

❸ 取原锅，将1大匙动物奶油以小火炒香洋葱
末，再放入白酱及高汤拌匀即为酱汁。

❹ 取一烤盘，交错铺上土豆片及做法2的三文
鱼片，淋上适量做法3的酱汁，再撒上一层
奶酪丝，放入已预热180℃的烤箱中，烤
10~15分钟至表面呈金黄色即可。

焗烤雪斑鱼片

🐟 材料
雪斑鱼300克，洋葱末50克，高汤50毫升，奶酪
丝100克，动物奶油适量

🍶 调味料
红酱1大匙，盐少许，白酒2大匙，黑胡椒粒少许

🍲 做法
❶ 雪斑鱼洗净切片，以1大匙白酒、盐略腌。

❷ 将1大匙动物奶油放入平底锅煮融化，放入
雪斑鱼片，小火煎至两面呈金黄色取出。

❸ 取原锅，将1大匙动物奶油以小火炒香洋葱
末，加入1大匙白酒转大火煮至酒精挥发，
加入红酱、高汤，微拌后起锅即为酱料。

❹ 在烤盘抹上一层动物奶油，将雪斑鱼片排
在烤盘上，淋上酱料，撒上一层奶酪丝。

❺ 预热烤箱至180℃，将做法4的烤盘放入烤
箱中，烤15分钟，撒上黑胡椒粒即可。

香料西红柿盅

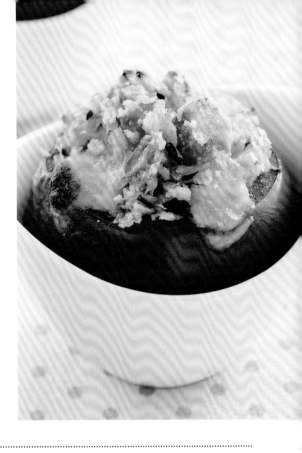

材料
西红柿2个，面包粉50克，奶酪粉10克，奶酪丝80克，罗勒碎5克，香芹碎5克

做法
1. 西红柿洗净，从1/5处横剖开，挖出其中的果肉备用。
2. 将做法1取出的果肉切丁，和面包粉、奶酪丝、奶酪粉、罗勒碎、香芹碎混合拌匀，再填入做法1的西红柿盅内。
3. 放入已预热的烤箱中，以上火250℃、下火100℃烤7~15分钟至外观略上色即可。

南瓜红酱茄子

材料
茄子150克，南瓜泥120克，罗勒叶适量，奶酪丝适量，橄榄油适量

调味料
红酱45克

做法
1. 茄子洗净切片，放入锅中，用少许橄榄油煎至两面金黄备用。
2. 取焗烤容器，先铺上一层南瓜泥，再放上做法1的金黄茄片。
3. 接着放上罗勒叶，再淋上红酱，撒上奶酪丝，放入已预热的烤箱中，以上火250℃、下火100℃烤5~10分钟，至表面略焦黄上色即可。

焗烤咖喱鲜蚝

材料
鲜蚝200克，淀粉少许，橄榄油1大匙，洋葱丁30克，红椒丁50克，青椒丁50克，白酒1大匙，高汤200毫升，奶酪丝100克

调味料
咖喱酱4大匙

做法
1. 鲜蚝洗净，撒上少许淀粉后，氽烫至表面淀粉变透明，浸泡冷水备用。
2. 锅中加入橄榄油烧热，放入洋葱丁以小火炒软，放入红椒丁、青椒丁炒香，再放入做法1的鲜蚝、白酒转大火煮至酒精挥发。
3. 将咖喱酱、高汤拌入做法2的锅中后，倒进烤盘中，再撒上一层奶酪丝。
4. 预热烤箱至180℃，将做法3的烤盘放入烤箱中，烤10~15分钟至表面呈金黄即可。

焗莎莎猪排

材料
猪里脊肉180克，蒜末1大匙，红辣椒碎1大匙，面包粉、罗勒碎、奶酪粉、蒜片各适量，橄榄油适量

调味料
胡椒粉1小匙，莎莎酱3大匙

做法
1. 热油锅，将猪里脊肉煎至六分熟，取出切薄片后盛入容器中。
2. 在做法1的锅中加入蒜末和红辣椒碎爆香，再加入胡椒粉和莎莎酱拌炒均匀后，淋在做法1的猪里脊肉片上，撒上面包粉、罗勒碎和奶酪粉。
3. 放入已预热的烤箱中，以上火250℃、下火100℃烤5~10分钟至表外观略上色，取出放上蒜片即可。

焗奶香汉堡肉

材料

猪肉馅200克，洋葱末30克，面包粉50克，奶酪丝80克，香芹末少许，橄榄油适量

调味料

什锦香料1/2大匙，盐1/4小匙，动物奶油50克

做法

❶ 将猪肉馅、洋葱末、面包粉与所有调味料用手充分抓拌均匀，再捏成小圆饼状。

❷ 热锅，放入橄榄油，将做法1的猪肉圆饼以中火煎约3分钟至熟起锅，放入焗烤容器中，再放上奶酪丝。

❸ 将做法2的材料放入烤箱中，以上火250℃、下火150℃烤约2分钟至呈金黄色，取出撒上香芹末即可。

焗黑椒汉堡肉

材料

猪肉馅200克，洋葱末30克，什锦香料1/2大匙，面包粉50克，奶酪丝80克，橄榄油、小豆苗、苜蓿芽、西红柿片、生菜各少许

调味料

蒜香黑胡椒酱2大匙，盐1/4小匙

做法

❶ 猪肉馅、洋葱末、什锦香料、盐和面包粉全部混合拌匀，做成2个小圆肉饼备用。

❷ 取平底锅，加入少许橄榄油，放入做法1的小圆肉饼以小火煎熟，放至烤盘内。

❸ 淋上蒜香黑胡椒酱，撒上奶酪丝，放入预热烤箱中，以上火250℃、下火150℃烤约10分钟，烤至奶酪表面呈金黄色泽即可取出盛盘，装饰小豆苗、苜蓿芽、西红柿片和生菜即可。

焗洋葱肉片

材料
梅花肉片200克，洋葱1/2个，蒜3瓣，青葱1棵，红甜椒1/3个，黄甜椒1/3个，奶酪丝30克

调味料
黑胡椒酱3大匙，动物奶油20克

做法
❶ 把洋葱切丝；蒜切片；青葱切成小段状；红甜椒、黄甜椒分别切块备用。

❷ 将梅花肉放入烤皿中，再将做法1的材料依序铺在梅花肉上。

❸ 接着于做法3上加入所有的调味料，再撒上奶酪丝。

❹ 先将烤箱预热至180℃，再将做法3的烤皿放入180℃的烤箱中，烤约10分钟至奶酪丝融化、上色即可。

焗烤香菇镶肉

材料
鲜香菇3朵，猪绞肉100克，奶酪丝、奶酪片、迷迭香叶、香芹叶各适量

调味料
盐3克，白糖3克，胡椒粉2克，白酒、红酱各适量

做法
❶ 鲜香菇洗净去蒂；猪绞肉和调味料混合拌匀后，摔打至肉有黏性。

❷ 在香菇内面撒上少许奶酪丝，填入适量的肉馅，放入容器内，放至电饭锅中蒸约6分钟至肉馅半熟。

❸ 再盖上奶酪片和迷迭香叶，放入已预热的烤箱中，以上火250℃、下火100℃烤5~10分钟至奶酪片融化，铺上少许的红酱，装饰香芹叶即可。

焗烤猪排

材料
猪排600克，动物奶油1大匙，红酒1大匙，高汤50毫升，奶酪丝100克

调味料
盐少许，洋葱蘑菇酱2大匙

做法
❶ 猪排切斜片，撒盐备用。

❷ 将动物奶油放入平底锅中以小火煮融化，放入猪排，两面煎至五分熟，倒入红酒转大火，让酒精挥发，取出猪排铺在烤盘中。

❸ 原锅放入洋葱蘑菇酱、高汤以小火煮滚，直接淋在做法2的猪排上，再撒上一层奶酪丝。

❹ 预热烤箱至180℃，将做法3的烤盘放入烤箱中，烤10~15分钟至表面呈金黄色即可。

焗香肠西蓝花

材料
西蓝花50克，德式香肠100克，动物奶油1大匙，蒜末5克，奶酪丝100克，高汤100毫升

调味料
白酱2大匙，红椒粉适量

做法
❶ 西蓝花切成小朵、烫熟；德式香肠切斜片，备用。

❷ 将动物奶油放入平底锅中煮至融化，加入蒜末炒香，放入德式香肠片煎香。

❸ 将烫熟的西蓝花及白酱、高汤放入做法2的锅中拌炒均匀，倒入烤盘中，再铺上一层奶酪丝。

❹ 预热烤箱至180℃，将做法3的材料放入烤箱中，烤10~15分钟至表面呈金黄色，上桌前撒上红椒粉即可。

焗烤红酒肉丸

📋 材料

牛绞肉	300克
猪绞肉	300克
洋葱末	50克
胡萝卜碎	50克
面包粉	20克
鸡蛋	1个
面粉	适量
橄榄油	1大匙
红酒	250毫升
双色奶酪丝	100克
香芹叶	少许

📋 调味料

红酱	10大匙
盐	1小匙

📋 做法

❶ 取一深盆，分别放入牛绞肉、猪绞肉，加1小匙盐搅拌至黏稠，倒入洋葱末、胡萝卜碎、面包粉、打散的鸡蛋，全部一起拌匀备用。

❷ 手先蘸取面粉后，将做法1的肉馅用手捏成10颗肉丸备用。

❸ 取平底锅，放入橄榄油烧热后，将做法2的肉丸放入其中，以小火煎至两面呈金黄色。

❹ 将红酒加入做法3的锅中，续以小火炖煮约10分钟，直到汤汁收干关火，并淋上红酱，倒入烤盘，再撒上一层双色奶酪丝。

❺ 预热烤箱至180℃，将做法4的材料放入烤箱中，烤10~15分钟至表面呈金黄色，盛出装饰香芹叶即可。

焗烤牛小排

🥩 材料
无骨牛小排4片，动物奶油1大匙，红酒1大匙，高汤50毫升，奶酪丝100克

🧂 调味料
盐少许，洋葱蘑菇酱2大匙

🍲 做法
❶ 无骨牛小排对半切开，表面撒盐备用。

❷ 将动物奶油放入平底锅中以小火煮至融化，放入牛排，以小火将两面煎至五分熟后，倒入红酒转大火，让酒精挥发，取出牛排铺在烤盘中。

❸ 原锅放入洋葱蘑菇酱、高汤煮沸，直接淋在做法2的牛排上，撒上一层奶酪丝。

❹ 预热烤箱至180℃，将做法3的材料放入烤箱中，烤10~15分钟至表面呈金黄色即可。

焗水波蛋

🥩 材料
法式面包3块，鸡蛋3个，火腿片6片，奶酪片3片，苜蓿芽、小豆苗、沙拉酱各适量

🧂 调味料
白酱少许

🍲 做法
❶ 取锅，加水煮至80℃，打入鸡蛋不要搅拌，煮成水波蛋捞起备用。

❷ 将法式面包烤干，涂上少许沙拉酱，放上熟火腿片、做法1的水波蛋和奶酪片，再涂上白酱。

❸ 放入已预热的烤箱中，以上火250℃、下火100℃烤5~10分钟至奶酪片软化取出，再放上苜蓿芽、小豆苗即可。

焗白酱鸡腿

材料
鸡腿块250克，南瓜块200克，胡萝卜块30克，甜豆10克，奶酪丝50克，香芹末1小匙，鸡高汤200毫升，橄榄油适量

调味料
白酱3大匙

做法
❶ 取平底锅，放油加热，放入鸡腿块以中火煎熟后，加入南瓜块、胡萝卜块、甜豆、鸡高汤和白酱，以小火煮至南瓜软化后，盛入容器中。

❷ 先撒上奶酪丝，放入预热烤箱中，以上火200℃、下火150℃烤约5分钟至表面呈金黄色，再撒上香芹末即可。

焗意式鸡腿

材料
鸡腿(去骨)1只，洋葱丝3克，西芹丝2克，西红柿丁2克，奶酪丝30克，香芹叶少许

调味料
意大利什锦香料1/2大匙，动物奶油1大匙

做法
❶ 热锅，加入动物奶油炒香洋葱丝、西芹丝、西红柿丁、意大利什锦香料，放入一半的奶酪丝，全部卷入去骨鸡腿内，固定好。

❷ 将剩余一半的奶酪丝摆至做法1的鸡腿上。

❸ 将做法2的材料放入烤箱中，以上火180℃、下火150℃烤约20分钟至熟且呈金黄色，装盘，装饰香芹叶即可。

焗橙香鸡腿

材料

鸡腿（去骨）1只，柳橙肉50克，柳橙汁30毫升，奶酪丝、面包粉、罗勒碎各适量

调味料

番茄酱、白糖各3大匙，盐1小匙，迷迭香少许

做法

❶ 将去骨鸡腿放入平底锅中煎至外观呈金黄色的八分熟。

❷ 将柳橙肉、番茄酱、白糖、盐和柳橙汁放入做法1的锅中煮至浓稠。

❸ 将鸡腿切成数块，放入焗烤容器内，淋上做法2的酱汁。

❹ 将混合的奶酪丝、面包粉和罗勒碎撒在做法3的鸡腿上，放入已预热的烤箱中，以上火250℃、下火100℃烤5~10分钟至表面略呈焦黄色，放上迷迭香装饰即可。

焗烤鸡翅

材料

鸡翅6只，奶酪粉2大匙，奶酪丝100克，迷迭香适量

调味料

洋葱蘑菇酱2大匙，盐1小匙

做法

❶ 鸡翅上撒盐，抹上一层奶酪粉放入烤盘。

❷ 预热烤箱至180℃，将做法1的鸡翅放入烤箱中，烤约20分钟至表面脆酥取出。

❸ 在做法2烤好的鸡翅上淋上洋葱蘑菇酱，再撒上一层奶酪丝。

❹ 预热烤箱至180℃，将做法3的材料放入烤箱中，烤10~15分钟至表面呈金黄色，放上迷迭香装饰即可。

焗奶酪洋葱

材料
鸡蛋3个，洋葱丝100克，火腿丝15克，动物奶油50克，奶酪粉10克，奶酪丝、橄榄油各适量

调味料
意大利什锦香料适量，盐1小匙

做法
❶ 取锅，加入少许油，放入洋葱丝和火腿丝炒至洋葱变软，盛起。

❷ 先将鸡蛋、动物奶油、奶酪粉、意大利什锦香料和盐混合拌匀后，过筛加入做法1的材料中搅匀，盛入容器中。

❸ 接着撒上奶酪丝，放入已预热的烤箱中，以上火200℃、下火100℃烤15~20分钟即可。

墨西哥鸡肉卷

材料
墨西哥饼2张，鸡胸肉碎200克，洋葱末、奶酪丝各50克，蘑菇片30克，蛋黄1个，香芹末适量

调味料
白酱2大匙，动物奶油少许

做法
❶ 墨西哥饼放入平底锅中，将两面干烙。

❷ 将动物奶油放入锅中煮融化，再放入白酱、鸡胸肉碎、洋葱末、蘑菇片炒匀。

❸ 取一片墨西哥饼铺平，放入一半做法2的馅料和2/3奶酪丝，卷起后以蛋黄液封口，在表面刷上少许蛋黄液，再撒上剩余的奶酪丝，完成另一个鸡肉卷。

❹ 放入预热烤箱中，以上火150℃、下火100℃烤约10分钟至表面呈金黄色，撒上香芹末即可。

焗奶油白菜

📋 材料
白菜块（烫熟）300克，洋葱丝30克，美白菇20克，红辣椒片5克，橄榄油少许，奶酪丝、香芹末各适量，鸡高汤120毫升

📋 调味料
盐1/2小匙，白酱2大匙，动物奶油1大匙

📋 做法
❶ 取锅，加入橄榄油和洋葱丝炒软后，加入美白菇、红辣椒片和烫熟的白菜块拌炒。

❷ 加入鸡高汤煮至白菜块软化，再加入盐和白酱拌炒，加入动物奶油增味，加少许奶酪丝待软化后拌匀，至浓稠盛入容器中。

❸ 于做法2的材料中撒上适量的奶酪丝，放入已预热的烤箱中，以上火250℃、下火100℃烤约10分钟至表面略焦黄上色，撒上香芹末即可。

焗烤三色烘蛋

📋 材料
菠菜30克，胡萝卜丁30克，玉米粒30克，鸡蛋3个，动物奶油50克，奶酪丝、橄榄油、香芹末各适量

📋 调味料
胡椒粉适量，盐1小匙

📋 做法
❶ 将菠菜和胡萝卜丁放入滚水中烫熟，沥干倒入容器中，加入玉米粒备用。

❷ 鸡蛋、动物奶油、胡椒粉和盐拌匀过筛备用。

❸ 将做法1和做法2的材料混合拌匀，倒入加了少许橄榄油的热锅中，炒至半熟。

❹ 直接撒上奶酪丝，放入已预热的烤箱中，以上火250℃、下火100℃烤5~10分钟至表面略金黄上色，撒上香芹末即可。

焗烤培根土豆

材料
土豆1个，培根末2克，奶酪丝10克，青葱末少许

调味料
白酱1大匙

做法
① 土豆洗净后，以锡箔纸包裹住，放入预热的烤箱中以180℃烤约30分钟至熟。
② 将以锡箔纸包裹的土豆，以十字形划开口，将开口略挤开，淋上白酱，加入培根末和奶酪丝。
③ 放入预热烤箱中，以上火180℃、下火100℃烤约5分钟至表面呈金黄色泽取出，撒上青葱末即可。

焗奶酪土豆

材料
土豆片250克，火腿丁1片，奶酪丁20克，水煮蛋丁45克，香芹末、沙拉酱各适量

调味料
意大利什锦香料、盐各适量，白酱2大匙

做法
① 取1/3的土豆片，放入滚水中煮2~3分钟后取出，备用。
② 取剩余的2/3土豆片放入滚水中煮软后，打成泥，再加入火腿丁、部分奶酪丁、水煮蛋丁、沙拉酱、意大利什锦香料和盐拌匀，平铺在容器中，再放上做法1的土豆片。
③ 接着淋上白酱，撒上剩余奶酪丁，放入已预热的烤箱中，以上火250℃、下火0℃烤5~10分钟至表面略焦黄上色，撒上香芹末即可。

焗洋葱土豆

材料
厚土豆片300克，蒜末10克，洋葱末100克，动物奶油20克，牛奶250毫升，奶酪粉20克，海苔粉适量

调味料
盐少许，胡椒粉少许，鸡精3克

做法
1. 锅烧热，放入动物奶油融化后，将蒜末及洋葱末放入锅中炒香。
2. 于做法1中加入厚土豆片炒匀，加入牛奶煮沸后转小火，煮至土豆变软，再加入盐、胡椒粉、鸡精一起煮入味。
3. 于烤盘中均匀地涂上薄薄的动物奶油（分量外），将做法2的材料放入烤盘中，撒上奶酪粉，移入已预热好的烤箱中，以220℃的温度烤至上色，撒上适量海苔粉即可。

焗土豆五花肉

材料
土豆片（烫熟）80克，五花肉丝100克，洋葱丝30克，蒜片5克，奶酪丝30克，海苔粉少许，橄榄油1大匙

调味料
酱油膏1大匙，白胡椒粉少许

做法
1. 取一个炒锅，加入1大匙橄榄油，再放入所有材料（除奶酪丝、海苔粉）和调味料，并以中火翻炒均匀。
2. 续将炒好的材料放入容器中，再撒上奶酪丝。
3. 先将烤箱预热至180℃，再将做法2的烤皿放入180℃的烤箱中，烤约10分钟至表面的奶酪丝融化上色，撒上海苔粉即可。

焗咖喱鸡肉饭

材料

鸡腿肉块	150克
洋葱块	20克
胡萝卜块	20克
香菇块	30克
米饭	120克
奶酪丝	30克
橄榄油	适量

调味料

咖喱粉	2大匙
盐	1/4小匙
米酒	1/2小匙
白胡椒	1/4小匙

做法

❶ 取一容器，放入全部调味料，搅拌均匀，再放入鸡腿肉块，腌约10分钟。

❷ 取锅，加入少许橄榄油烧热，放入鸡腿肉块煎至金黄色后，加入洋葱块、胡萝卜块和香菇块炒香后，再放入米饭，以小火炒匀。

❸ 将做法2的饭盛入焗烤盅内，撒上奶酪丝。

❹ 放入已预热的烤箱中，以上火200℃、下火150℃，烤约8分钟至表面呈金黄色即可。

焗咖喱鸡炖饭

📋 材料
米饭150克，鸡胸肉150克，蒜末15克，洋葱丁30克，洋菇块30克，胡萝卜块30克，玉米粒30克，鸡高汤150毫升，动物奶油30克，鲜奶油15克，双色奶酪丝、橄榄油各适量

🧂 调味料
盐1小匙，白糖1大匙，咖喱酱2大匙

🍳 做法
❶ 将鸡胸肉放入油锅煎七分熟，切小块。

❷ 于做法1的锅中加入蒜末、洋葱丁、洋菇块、胡萝卜块和玉米粒炒香，再加入鸡高汤以小火煨煮至胡萝卜软化。

❸ 加入调味料和动物奶油调味，再放入做法1的鸡胸肉块和鲜奶油翻炒，盛出。

❹ 撒上双色奶酪丝，放入已预热的烤箱中，以上火250℃、下火100℃烤约10分钟即可。

焗奶酪鸡肉饭

📋 材料
鸡肉丁80克，洋葱丁10克，米饭120克，奶酪丝30克，香芹叶少许，橄榄油少许

🧂 调味料
白酱2大匙

🍳 做法
❶ 热油锅，炒香洋葱丁，再放入鸡肉丁及调味料略炒，淋在米饭上拌匀，盛入焗烤盅里，最后撒上奶酪丝。

❷ 将做法1的材料放入烤箱，以上火250℃、下火150℃烤约2分钟至表面呈金黄色，装饰香芹叶即可。

焗南瓜鸡肉饭

材料
鸡腿肉块100克，熟南瓜块50克，熟胡萝卜块30克，熟西蓝花30克，米饭120克，奶酪丝30克，香菜、橄榄油各适量

调味料
白酱6大匙

做法
❶ 取锅，加入少许橄榄油烧热，放入鸡腿肉块以小火煎熟后，加入熟南瓜块、熟胡萝卜块、熟西蓝花、米饭和白酱炒匀。

❷ 将做法1的饭盛入焗烤盅内，撒上奶酪丝。

❸ 放入已预热的烤箱中，以上火200℃、下火150℃，烤约8分钟至表面呈金黄色，装饰香菜即可。

焗烤南瓜饭

材料
南瓜1个，芦笋丁50克，培根丁50克，蒜片10克，虾仁6只，米饭适量，奶酪丝少许，橄榄油2大匙

调味料
盐少许，胡椒粉少许

做法
❶ 将南瓜剖成两半去皮去籽，一半切成小丁，另一半挖去肉，当作盛饭的容器。

❷ 炒锅加热，放入橄榄油，将南瓜丁炒熟，加入蒜片、虾仁、培根丁、芦笋丁略炒，再倒入米饭与调味料混合均匀。

❸ 将做法2的材料装入南瓜容器中，铺上奶酪丝，用预热200℃的烤箱烤约5分钟，至表面金黄、香味四溢即可。

焗甜椒豚肉饭

材料

梅花肉片100克，洋葱丁20克，红甜椒丁10克，青椒丁10克，米饭120克，奶酪丝50克，高汤100毫升，橄榄油适量

调味料

盐1/4小匙

做法

❶ 取锅，加入少许橄榄油烧热，放入洋葱丁和梅花肉片炒香后，加入红甜椒丁、青椒丁、米饭和盐，以小火炒匀。

❷ 将做法1的饭盛入焗烤盅内，撒上奶酪丝。

❸ 放入已预热的烤箱中，以上火200℃、下火150℃，烤约8分钟至表面呈金黄色即可。

焗蘑菇腊肠饭

材料

蘑菇块100克，意式腊肠片50克，胡萝卜块（熟）30克，米饭120克，奶酪丝30克，橄榄油适量

调味料

青酱6大匙

做法

❶ 取锅，加入少许橄榄油烧热，放入蘑菇块炒香后，加入意式腊肠片、胡萝卜块、米饭和青酱，以小火炒匀。

❷ 将做法1的饭盛入焗烤盅内，撒上奶酪丝。

❸ 放入已预热的烤箱中，以上火200℃、下火150℃，烤约8分钟至表面呈金黄色即可。

焗竹碳蔬菜饭

材料
米饭120克，香菇10克，杏鲍菇10克，胡萝卜15克，白菜20克，芦笋15克，四季豆15克，南瓜15克，冷开水200毫升，竹碳粉1小匙，奶酪丝、橄榄油各适量

调味料
白糖1小匙，盐1小匙，胡椒粉适量

做法
❶ 香菇、杏鲍菇、胡萝卜、白菜、芦笋和四季豆，均切小丁；南瓜切片备用。

❷ 取锅，加入少许橄榄油将做法1的材料全部加入后炒香，再加冷开水煨煮一下，接着加入白糖、盐、胡椒粉拌匀，再加入米饭和竹碳粉煮至汤汁略收干，盛入容器中。

❸ 撒上奶酪丝，放入已预热的烤箱中，以上火250℃、下火100℃烤10分钟即可。

焗培根白酱饭

材料
米饭120克，培根2片，蒜末15克，洋葱丁30克，洋菇片15克，高汤80毫升，奶酪粉、奶酪丝、橄榄油各适量

调味料
盐1小匙，白糖2小匙，鸡精1小匙，白酱15克

做法
❶ 将培根放入滚水中汆烫，捞起切片备用。

❷ 取锅，加入少许橄榄油将蒜末爆香后，再放入洋葱丁和做法1的培根炒至洋葱软化，再加入洋菇片拌炒后，加入高汤、盐、白糖、鸡精和米饭煨煮至汤汁略收干，盛入容器中，淋入白酱，撒上奶酪粉。

❸ 再撒上奶酪丝，放入已预热的烤箱中，以上火250℃、下火100℃烤5~10分钟至外观略金黄上色即可。

焗蛤蜊墨鱼饭

材料
小章鱼80克，蛤蜊8颗，洋葱丁10克，西芹丁20克，米饭120克，奶酪丝30克，橄榄油适量，海鲜高汤100毫升

调味料
墨鱼酱10克，盐1/4小匙

做法
❶ 取一汤锅，放入适量的水，煮沸后放入全部海鲜材料，烫熟后捞起备用。
❷ 取锅，加入少许橄榄油烧热，放入洋葱丁、西芹丁炒香后，再加入做法1的海鲜、米饭、高汤和全部调味料，以小火炒匀。
❸ 将做法1的饭盛入焗烤盅内，撒上奶酪丝。
❹ 放入已预热的烤箱中，以上火200℃、下火150℃，烤约8分钟至表面呈金黄色即可。

焗奶酪鲜虾饭

材料
鲜虾6只，洋葱末20克，米饭120克，青辣椒圈20克，奶酪丝30克，橄榄油适量

调味料
白酱2大匙

做法
❶ 取锅，加入少许橄榄油烧热，放入洋葱末炒香后，加入鲜虾、米饭和白酱，以小火炒匀。
❷ 将做法1的饭盛入焗烤盅内，摆上青辣椒圈，撒上奶酪丝。
❸ 放入已预热的烤箱中，以上火200℃、下火150℃，烤约8分钟至表面呈金黄色即可。

焗烤红酱蛋包饭

 材料

橄榄油	2大匙
洋葱丁	30克
鸡肉丁	50克
米饭	1碗
鸡蛋	2个
奶酪丝	100克
罗勒叶	少许

调味料

红酱	1大匙
意式茄汁酱	1大匙

做法

❶ 取一平底锅，放入1大匙橄榄油烧热后，加入洋葱丁以小火炒至软后，放入鸡肉丁炒熟，再加入米饭及1大匙的红酱全部一起拌炒均匀起锅，即为炒饭。

❷ 将做法1的炒饭倒入模型装饭后，再倒扣在烤盘中备用。

❸ 原锅放入1大匙橄榄油烧热后，将打散的鸡蛋液倒入锅中，以小火煎至蛋皮约六分熟后，取出铺在做法2的炒饭上。

❹ 将1大匙意式茄汁酱淋在做法3的蛋皮上，再铺上一层奶酪丝。

❺ 预热烤箱至180℃，将做法4的材料放入烤箱中，烤10~15分钟至表面呈金黄色，装饰罗勒叶即可。

焗培根蟹肉饭

材料
培根片50克，蟹肉棒80克，熟芦笋30克，米饭120克，奶酪丝30克，红椒片、橄榄油各适量

调味料
咖喱粉1大匙，水100毫升，盐1/8小匙

做法
❶ 将蟹肉棒和熟芦笋切小段备用。

❷ 取锅，加入少许橄榄油烧热，放入培根片炒香后，加入米饭和全部调味料炒匀，再加入蟹肉棒、熟芦笋、红椒片拌炒即可关火。

❸ 将做法2的饭盛入焗烤盅内，撒上奶酪丝。

❹ 放入已预热的烤箱中，以上火200℃、下火150℃，烤约8分钟至表面呈金黄色即可。

焗翡翠干贝饭

材料
干贝100克，菠菜末20克，洋葱末20克，蘑菇块100克，米饭120克，奶酪丝30克，橄榄油适量

调味料
白酱2大匙

做法
❶ 取锅，加入少许橄榄油烧热，放入洋葱末炒香后，加入米饭、干贝、菠菜末、蘑菇块和调味料，以小火炒匀。

❷ 将做法1的饭盛入焗烤盅内，撒上奶酪丝。

❸ 放入已预热的烤箱中，以上火200℃、下火150℃，烤约8分钟至表面呈金黄色即可。

焗明太子鱼饭

材料
明太子30克，鲷鱼片100克，四季豆20克，洋葱丁20克，米饭120克，奶酪丝30克，橄榄油适量

调味料
沙拉酱20克，盐1/4小匙

做法
1. 鲷鱼片切大丁；四季豆切小段，备用。
2. 取锅，加入少许橄榄油烧热，放入洋葱丁炒香后，加入做法1的四季豆段和鲷鱼片拌炒约2分钟，再加入米饭和盐炒匀即可关火。
3. 于焗烤盅内盛入做法2的饭，撒上奶酪丝。
4. 放入已预热的烤箱中，以上火200℃、下火150℃烤约8分钟，至表面呈金黄色取出，挤上沙拉酱，撒上明太子即可。

焗青酱海鲜饭

材料
什锦海鲜150克，米饭120克，奶酪丝30克，高汤100毫升

调味料
青酱2大匙，盐少许，白糖1/4小匙

做法
1. 将什锦海鲜放入滚水中氽烫，捞起沥干备用。
2. 将做法1的什锦海鲜、米饭、高汤和全部调味料拌炒均匀，盛入焗烤盅里，再撒上奶酪丝。
3. 将做法2的材料放入已预热的烤箱中，以上火250℃、下火150℃烤约2分钟至呈金黄色即可。

地中海海鲜饭

材料

什锦海鲜（烫熟）200克，米饭120克，白酒50毫升，红甜椒丁10克，青豆（烫熟）30克，奶酪丝100克，蒜片10克，洋葱丁30克，罗勒叶10克，动物奶油适量

调味料

红酱3大匙

做法

❶ 取平底锅，加入少许动物奶油，放入蒜片、洋葱丁、什锦海鲜、白酒炒香，加入红酱、米饭和罗勒叶拌匀，撒上奶酪丝。

❷ 放入预热烤箱中，以上火200℃、下火100℃烤约10分钟至表面呈金黄色泽。

❸ 再将红甜椒丁和青豆撒在做法2的材料上装饰即可。

焗海鲜饭

材料

米饭120克，蒜末15克，洋葱末30克，蛤蜊6颗，青口2颗，草虾3只，黄甜椒丁20克，红甜椒丁20克，高汤200毫升，奶酪丝、奶酪粉、罗勒碎、橄榄油各适量

调味料

盐1小匙，胡椒粉适量

做法

❶ 取锅，加入少许橄榄油，将蒜末和洋葱末炒软，再加入蛤蜊、青口和草虾拌炒。

❷ 加入调味料和高汤拌匀，取出锅内的海鲜材料，加入米饭、黄甜椒丁和红甜椒丁煮至汤汁略收干，再加入海鲜材料略拌炒。

❸ 盛入盘中，撒上混合的奶酪丝、奶酪粉和罗勒碎，放入已预热的烤箱中，以上火250℃、下火100℃烤5~10分钟即可。

焗咖喱海鲜饭

材料
青口8颗，小章鱼100克，鲜虾6只，橄榄油1大匙，蒜末10克，洋葱末50克，白酒1大匙，米饭1碗半，高汤100毫升，奶酪丝100克

调味料
咖喱酱2大匙

做法
❶ 青口、小章鱼洗净；鲜虾去肠泥，去壳，留头尾备用。

❷ 锅中放入橄榄油加热，放入蒜末、洋葱末以小火炒香，加入做法1的所有海鲜拌炒，倒入白酒转大火让酒精挥发。

❸ 将米饭、咖喱酱、高汤放入做法2的锅中拌炒，倒入烤盘中，并铺上一层奶酪丝。

❹ 预热烤箱至180℃，将做法3的材料放入烤箱中，烤10~15分钟至表面呈金黄色即可。

青豆金枪鱼饭

材料
青豆30克，金枪鱼（罐头）50克，米饭120克，洋葱丁20克，奶酪丝30克

调味料
白酱2大匙，黑胡椒末少许

做法
❶ 热锅，炒香洋葱丁，加入金枪鱼、青豆、米饭，再加入白酱拌匀，撒上奶酪丝。

❷ 将做法1的材料放入烤箱以上火250℃、下火150℃烤约2分钟至呈金黄色即可。

❸ 可依个人口味撒少许黑胡椒末。

奶酪什锦菇饭

材料
什锦野菇120克，洋葱20克，米饭120克，奶酪丝30克，香芹末少许

调味料
白酱2大匙

做法
① 什锦菇切块；洋葱洗净切丁，备用。

② 热锅，炒香做法1的什锦菇块、洋葱丁，再加入白酱、米饭拌炒均匀，盛入焗烤盅里，撒上奶酪丝。

③ 将做法2的材料放入烤箱，以上火250℃、下火150℃烤约2分钟至表面呈金黄色。

④ 最后撒上少许香芹末装饰即可。

什锦菇青酱饭

材料
米饭100克，什锦野菇120克，蒜末15克，去籽辣椒15克，冷开水130毫升，橄榄油、奶酪丝各适量

调味料
青酱30克，意大利什锦香料1小匙

做法
① 取锅，加入少许橄榄油，放入蒜末、去籽辣椒爆香。

② 接着放入什锦菇和意大利什锦香料拌炒，再加入冷开水及米饭煨煮至汤汁收干再加入青酱拌炒，盛入容器中。

③ 于做法2的材料上撒上奶酪丝，放入已预热的烤箱中，以上火250℃、下火100℃烤5~10分钟至外观略金黄上色即可。

焗烤时蔬炖饭

材料
大米200克，橄榄油1大匙，洋葱丁30克，芦笋丁50克，红甜椒丁30克，黄甜椒丁30克，南瓜丁30克，高汤500毫升

调味料
奶酪丝100克

做法
1. 大米洗净沥干备用。
2. 取一平底锅，加入橄榄油烧热后，放入洋葱丁以小火炒软，放入芦笋丁、红甜椒丁、黄甜椒丁、南瓜丁一起炒香。
3. 将大米加入锅中略微拌炒后，加入高汤煮至八分熟，倒入烤盘，撒上一层奶酪丝。
4. 预热烤箱至180℃，将做法3的材料放入烤箱中，烤10~15分钟至表面呈金黄色即可。

焗泡菜海鲜饭

材料
什锦海鲜100克，韩式泡菜50克，葱段10克，米饭120克

调味料
奶酪丝50克

做法
1. 取锅，放入什锦海鲜汆烫至熟捞起备用。
2. 将做法1的什锦海鲜、韩式泡菜、葱段和米饭炒匀。
3. 将做法2的材料盛入焗烤盅内，撒上奶酪丝。
4. 放入已预热的烤箱中，以上火200℃、下火150℃，烤约6分钟至表面呈金黄色即可。

焗麻婆豆腐饭

📋 材料
豆腐丁200克，花椒油1/2小匙，辣椒末1/4小匙，蒜末1/4小匙，葱花1/4小匙，米饭120克，奶酪丝50克，面包粉适量，高汤200毫升

🍶 调味料
酱油1/4小匙，辣椒酱1小匙，白糖1/2小匙，白胡椒粉1/4小匙

🍲 做法
❶ 取锅，倒入花椒油烧热，放入辣椒末、蒜末炒香后，再加入豆腐丁、高汤和调味料以小火煮至汤汁略收干。

❷ 将米饭盛入焗烤盅内，淋入做法1的材料，撒上奶酪丝和面包粉。

❸ 放入已预热的烤箱中，以上火180℃、下火150℃烤约8分钟至表面呈金黄色，撒上葱花即可。

焗茄汁肉酱饭

📋 材料
米饭200克，猪绞肉100克，高汤200毫升，西红柿片50克，奶酪丝适量，橄榄油适量

🍶 调味料
红酱100克，番茄酱70克

🍲 做法
❶ 先用少许橄榄油将猪绞肉炒香后，再加入番茄酱炒至颜色变成深红色。

❷ 接着加入红酱和高汤煨煮后，加入米饭煮至汤汁略收干，盛入容器中，再铺上西红柿片。

❸ 撒上奶酪丝，放入已预热的烤箱中，以上火250℃、下火100℃烤5~10分钟至外观略呈金黄色即可。

鲜虾海鲜千层面

材料

意大利千层面	4片
草虾仁	100克
蛤蜊肉	80克
鲷鱼肉丁	40克
蒜末	10克
洋葱末	40克
奶酪丝	100克
奶酪粉	30克
动物奶油	40克
高汤	200毫升
面粉	适量
植物奶油	150克

调味料

盐	适量
红酱	150克
白酒	适量

做法

1. 千层面入沸水中煮约6分钟即捞起备用。

2. 动物奶油入热锅融化，加入蒜末炒香，放入洋葱末、草虾仁、蛤蜊肉和鲷鱼肉丁及高汤，以小火炒约2分钟，备用。

3. 取1/2做法2的海鲜材料与少许盐、红酱、白酒、面粉混合，拌匀即为西红柿海鲜酱。

4. 将做法2其余的海鲜材料与少许盐、植物奶油、白酒、面粉混合，拌匀即成奶油海鲜酱。

5. 取一片意大利千层面铺开，放入一半的西红柿海鲜酱，再放一片意大利千层面，放入一半的奶油海鲜酱，再重复1次前述做法将材料用完。

6. 撒上奶酪丝及奶酪粉，放入预热好的烤箱内，以200℃的温度烤约10分钟至表面呈金黄色即可。

焗菠菜千层面

材料
意大利千层面（熟）3片，菠菜适量，西红柿丁25克，牛绞肉80克，洋葱末5大匙，蒜末10克，动物奶油1小块，奶酪丝100克，香芹末少许

调味料
红酱5大匙

做法

① 菠菜用铝箔纸包起，放入预热200℃的烤箱中烤15分钟，取出切碎。

② 西红柿丁、蒜末、牛绞肉、洋葱末拌匀，加动物奶油烤15分钟，加红酱拌成馅料。

③ 烤盘放入一片意大利千层面，铺上馅料与菠菜碎，盖上一片意大利千层面，再铺上馅料与菠菜碎，盖上意大利千层面，撒上奶酪丝，放入烤箱中以220℃烤约20分钟，撒上香芹末即可。

焗丸子螺旋面

材料
猪肉碎300克，西红柿片、洋葱末、奶酪丝各20克，洋葱片10克，螺旋面120克，蒜末1小匙，橄榄油少许，高汤200毫升

调味料
红酱5大匙

腌料
盐、胡椒各1/4小匙，鸡蛋1个，淀粉2大匙

做法

① 洋葱末、猪肉碎加入腌料拌匀，挤成小丸子，将肉丸子放入油锅中，煎至金黄色，再加入蒜末、洋葱片和西红柿片炒香，加入高汤和红酱，小火炖煮5分钟，加入煮熟的螺旋面，盛入烤盅，撒上奶酪丝。

② 放入烤箱中，以上火200℃、下火150℃，烤约8分钟至金黄色即可。

匈牙利牛肉面

材料
圆直面150克，牛绞肉80克，洋葱末30克，奶酪丝50克，西红柿丁少许，香芹末少许，橄榄油适量，高汤200毫升

调味料
匈牙利红椒粉2大匙，盐1/4小匙

做法
1. 圆直面放入加了少许橄榄油的滚水中煮熟，捞起沥干水分备用。
2. 热油锅，炒香洋葱末，放入牛绞肉略炒，再加入做法1的圆直面、西红柿丁、高汤与所有调味料拌匀，撒上奶酪丝。
3. 将做法2的材料放入烤箱，以上火200℃、下火150℃烤约3分钟至呈金黄色，最后撒上少许香芹末装饰即可。

焗意式肉酱面

材料
蝴蝶面（熟）120克，猪绞肉50克，西红柿丁20克，洋葱末10克，奶酪丝30克，香芹末少许，橄榄油适量，高汤200毫升

调味料
什锦香料1/2大匙，红酱3大匙

做法
1. 热锅，放入橄榄油，将洋葱末炒香，再加入猪绞肉略炒，再加入西红柿丁、高汤及所有调味料以小火炖煮约10分钟。
2. 将做法1的酱汁与蝴蝶面拌匀，撒上奶酪丝，放入已预热的烤箱中，以上火300℃、下火150℃烤约2分钟至表面呈金黄色，最后撒上少许香芹末装饰即可。

焗茄汁鸡肉面

📋 材料
水管面（熟）120克，鸡腿肉丁100克，洋葱丁20克，皇帝豆10克，奶酪丝50克，橄榄油适量

🍶 调味料
红酱2大匙

🍳 做法
❶ 取锅，加入少许橄榄油烧热，放入洋葱丁和鸡腿肉丁、皇帝豆炒香后，加入水管面和红酱，以小火炒匀。
❷ 将做法1的水管面盛入焗烤盅内，撒上奶酪丝。
❸ 放入已预热的烤箱中，以上火200℃、下火150℃烤约8分钟，至表面呈金黄色即可。

焗南瓜鸡肉面

📋 材料
螺旋面（熟）150克，鸡腿肉块80克，洋葱丁20克，奶酪丝30克，奶酪粉1大匙，橄榄油适量，高汤100毫升

🍶 调味料
南瓜泥2大匙，盐少许

🍳 做法
❶ 取锅，加入少许橄榄油烧热，放入洋葱丁和鸡腿肉块炒熟后，加入螺旋面、高汤和全部调味料炒匀。
❷ 将做法1的螺旋面盛入焗烤盅内，撒上奶酪丝。
❸ 放入已预热的烤箱中，以上火200℃、下火150℃，烤约6分钟至表面呈金黄色，再撒上适量奶酪粉即可。

焗鸡肉笔管面

📋 材料
笔管面（熟）150克，鸡肉片80克，洋葱末20克，奶酪丝30克，红甜椒末少许，香芹末少许，橄榄油适量，高汤100毫升

🍱 调味料
青酱2大匙

🍳 做法
❶ 热油锅，放入鸡肉片、洋葱末略炒，起锅与笔管面一起放入焗烤盘中，再加高汤和青酱拌匀，最后撒上奶酪丝。

❷ 将做法1的材料放入已预热的烤箱中，以上火200℃、下火150℃烤约2分钟，至表面呈金黄色后取出。

❸ 撒上少许红甜椒末、香芹末装饰即可。

焗西西里面

📋 材料
笔管面60克，奶酪丝2大匙，香芹末少许

🍱 调味料
西西里肉酱3大匙

🍳 做法
❶ 笔管面在水滚沸时放入，煮约8分钟即捞起备用。

❷ 将1/2分量的西西里肉酱放入烤盅内，摆上做法1的笔管面，再淋上剩余的西西里肉酱，撒上奶酪丝。

❸ 再放入预热好的烤箱，以200℃的温度烤约5分钟至表面呈金黄色，撒上香芹末即可。

焗海鲜笔管面

材料
笔管面（熟）80克，蛤蜊20克，墨鱼（切圈）15克，虾仁15克，水100毫升，洋葱末10克，奶酪丝20克，香芹末、橄榄油各适量

调味料
鲜奶200毫升，面粉1/2大匙

做法
1. 鲜奶与面粉用小火拌匀，备用。
2. 热锅，倒入适量橄榄油，炒香洋葱末，再加入蛤蜊与100毫升的水，续加入做法1的汤汁，再加入墨鱼圈、虾仁、笔管面，以小火炒匀至蛤蜊开口后熄火，盛入烤盘中，备用。
3. 于做法2的材料表面撒上奶酪丝，放入已预热的烤箱中，以上火200℃烤约2分钟至表面呈金色，撒上香芹末即可。

焗蛤蜊莎莎面

材料
贝壳面（半熟）100克，蒜末10克，蛤蜊10克，冷开水50毫升，罗勒碎15克，奶酪丝、橄榄油各适量

调味料
莎莎酱4大匙，盐3克

做法
1. 取锅，用少许橄榄油将蒜末爆香后，加入蛤蜊略拌炒，再加入莎莎酱、冷开水和盐拌匀。
2. 续加入半熟贝壳面煨煮至入味，且汤汁略收干，起锅前加入罗勒碎，盛入容器中。
3. 接着撒上奶酪丝，放入已预热的烤箱中，以上火250℃、下火100℃烤5~10分钟至外观略呈金黄色即可。

焗白酒蛤蜊面

材料

圆直面（半熟）150克，蒜片15克，蛤蜊10颗，白酒50毫升，冷开水75毫升，罗勒碎15克，奶酪丝、橄榄油各适量

调味料

盐3克，胡椒粉适量

做法

❶ 取锅，用少许橄榄油将蒜片爆香后，先加入白酒与蛤蜊略翻炒，再加入盐、胡椒粉和冷开水拌炒。

❷ 续加入半熟的圆直面煨煮至入味，且汤汁略收干，起锅前加入罗勒碎，盛入容器中。

❸ 接着撒上奶酪丝，放入已预热的烤箱中，以上火250℃、下火100℃烤5~10分钟至外观略呈金黄色即可。

焗海鲜面

材料

圆直面（熟）200克，橄榄油1大匙，墨鱼50克，蛤蜊100克，鲷鱼肉50克，鲜虾10只，蒜末3克，高汤200毫升，奶酪丝150克

调味料

红酱4大匙，白酒1大匙

做法

❶ 墨鱼切圈；蛤蜊吐沙；鲷鱼肉切小片；鲜虾去壳，去肠泥，留头尾。将所有海鲜氽烫至熟备用。

❷ 热锅，倒橄榄油，放入蒜末以小火炒香，放入海鲜拌炒，再倒入白酒转大火让酒精挥发。

❸ 转中火加入红酱、高汤拌炒均匀后，倒入烤盘中，在盘上铺上一层奶酪丝，放入已预热180℃的烤箱，烤10~15分钟即可。

玉米金枪鱼面

材料
玉米粒50克，金枪（罐头）100克，水管面150克，奶酪丝30克，橄榄油适量

调味料
白酱2大匙

做法
❶ 水管面放入加了少许橄榄油的滚水中汆烫至熟，捞起沥干水分。

❷ 将玉米粒、金枪鱼（罐头）及白酱拌匀，淋在做法1的水管面上，再撒上奶酪丝。

❸ 将做法2的材料放入烤箱中，以上火250℃、下火150℃烤约2分钟至呈金黄色即可。

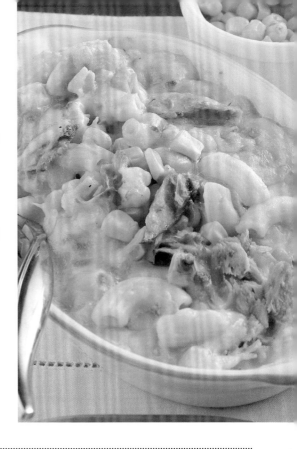

焗海鲜水管面

材料
水管面（熟）100克，蟹肉棒5根，鲷鱼70克，洋葱1/3个，胡萝卜1/5根，奶酪丝50克，橄榄油1大匙

调味料
白酱5大匙，盐少许，黑胡椒粉少许，水适量

做法
❶ 洋葱切丝；胡萝卜切成丁；鲷鱼切成块，备用。

❷ 取炒锅，先加入1大匙橄榄油，然后放入洋葱丝和胡萝卜丁炒软，接着放入白酱，煮匀后加入鱼块、蟹肉棒和其余调味料，拌煮均匀后再加入熟水管面拌匀。

❸ 取烤皿，放入做法2的材料，再于表面均匀地撒上奶酪丝，接着放入预热好的烤箱中，以200℃烤约10分钟即可。

焗鲭鱼水管面

材料
水管面150克，鲭鱼（罐头）80克，洋葱丝30克，奶酪丝50克，橄榄油适量，高汤100毫升

调味料
红酱3大匙，盐1/4小匙

做法
① 将水管面放入加了少许橄榄油的滚水中氽烫至熟，捞起沥干水分备用。

② 热锅，炒香洋葱丝并加入鲭鱼、高汤及所有调味料，淋在做法1的水管面上拌匀，再撒上奶酪丝。

③ 将做法2的材料放入烤箱，以上火250℃、下火150℃烤约2分钟至呈金黄色即可。

焗海鲜螺旋面

材料
什锦海鲜（熟）200克，螺旋面（熟）150克，奶酪丝50克，洋葱丁20克，香芹末少许，橄榄油少许，高汤100毫升

调味料
红酱3大匙，盐1/4小匙

做法
① 热油锅，炒香洋葱丁，放入什锦海鲜、高汤与所有调味料拌匀。

② 将做法1的材料淋在煮熟的螺旋面上，再撒上奶酪丝，一起放入烤箱以上火250℃、下火150℃烤约2分钟至表面呈金黄色取出，最后撒上少许香芹末装饰即可。

焗墨鱼水管面

📋 材料
水管面（熟）120克，墨鱼80克，洋葱丁20克，红甜椒丁20克，奶酪丝30克，橄榄油适量，高汤100毫升

🧂 调味料
青酱2大匙

🍴 做法
❶ 取锅，加入少许橄榄油烧热，放入洋葱丁炒香后，加入墨鱼、水管面、高汤和青酱炒匀后，再放入红甜椒丁炒匀。

❷ 将做法1的材料盛入焗烤盅内，再撒上奶酪丝。

❸ 放入已预热的烤箱中，以上火200℃、下火150℃烤约6分钟至表面呈金黄色即可。

焗咖喱鲜虾面

📋 材料
水管面（熟）150克，鲜虾（熟）7只，洋葱丁30克，小黄瓜7片，奶酪丝50克，橄榄油适量，高汤100毫升

🧂 调味料
咖喱1块，盐1/4小匙

🍴 做法
❶ 取锅，加入少许橄榄油烧热，放入洋葱丁炒香后，加入鲜虾、水管面、小黄瓜、高汤和全部调味料炒匀。

❷ 将做法1的材料盛入焗烤盅内，撒上奶酪丝。

❸ 放入已预热的烤箱中，以上火250℃、下火150℃烤约6分钟至表面呈金黄色即可。

焗南瓜鲜虾面

材料
宽扁面（熟）200克，南瓜150克，鲜虾10只，橄榄油1大匙，蒜末5克，洋葱末50克，高汤200毫升，奶酪丝100克

调味料
茄汁肉酱4大匙

做法
❶ 南瓜连皮切薄片；鲜虾去壳、去肠泥，留头尾后，放入滚水中氽烫至熟备用。

❷ 热锅，倒入橄榄油，放入蒜末炒香，加入洋葱末炒软，再加入南瓜片略煎一下，将熟宽扁面及茄汁肉酱、高汤放入锅中拌炒。

❸ 再倒入烤盘中，铺上鲜虾，撒上一层奶酪丝，放入预热180℃的烤箱中，烤至表面呈金黄色即可。

焗蟹肉芦笋面

材料
水管面（熟）120克，蟹腿肉50克，蒜片2克，洋葱丁30克，芦笋片30克，奶酪丝50克，橄榄油适量，高汤100毫升

调味料
白酱2大匙

做法
❶ 取锅，加入少许橄榄油烧热，放入蒜片和洋葱丁炒香后，加入蟹腿肉、高汤和白酱以小火炒匀后，再放入芦笋片和水管面炒匀。

❷ 将做法1的水管面盛入焗烤盅内，撒上奶酪丝。

❸ 放入已预热的烤箱中，以上火200℃、下火150℃烤约6分钟至表面呈金黄色即可。

焗奶酪蛤蜊面

材料
笔管面（熟）200克，橄榄油1大匙，蒜末3克，洋葱末30克，蛤蜊150克，奶酪丝100克，高汤100毫升，莳萝叶少许

调味料
白酱2大匙，盐1小匙，白酒1大匙

做法
❶ 热锅，倒入橄榄油，放入蒜末炒香，再放入洋葱末炒软，倒入蛤蜊略炒一下，再加入白酒和盐后转大火炒至蛤蜊开口。

❷ 将熟笔管面、高汤及白酱倒入锅中炒匀，倒入烤盘，再铺上一层奶酪丝。

❸ 放入预热至180℃的烤箱中，烤10~15分钟，取出点缀以莳萝叶即可。

焗培根蛤蜊面

材料
水管面（熟）200克，培根50克，芦笋50克，橄榄油1大匙，蛤蜊200克，蒜末3克，洋葱末50克，奶酪丝100克，高汤100毫升

调味料
红酱2大匙，盐1小匙，白酒1大匙

做法
❶ 培根切丝；芦笋洗净切小段，汆烫至熟，备用。

❷ 热锅，倒入橄榄油，加入蒜末炒香，再加入洋葱末炒软，加入培根丝、蛤蜊、白酒、盐炒香。

❸ 再加入熟水管面、红酱、高汤拌炒，熄火加入芦笋段拌匀，倒入烤盘，再撒上一层奶酪丝，放入预热180℃的烤箱中，烤10~15分钟即可。

焗蒜辣茄汁面

材料
三色蔬菜螺旋面（半熟）150克，蒜片30克，红辣椒片15克，鸡高汤50毫升，西红柿丁、奶酪丝、橄榄油各适量

调味料
红酱60克，胡椒粉1小匙，盐1小匙，番茄酱30克

做法
❶ 取锅，用少许橄榄油将蒜片和红辣椒片炒香。

❷ 加入红酱、番茄酱、胡椒粉、盐和鸡高汤混合拌匀后先煨煮，放入半熟的三色蔬菜螺旋面煨煮至汤汁略收干，盛入容器中。

❸ 撒上奶酪丝和西红柿丁，放入已预热的烤箱中，以上火250℃、下火100℃烤5~10分钟至外观略呈金黄色即可。

焗田园蔬菜面

材料
水管面（熟）120克，洋葱块20克，香菇块20克，南瓜块（熟）50克，胡萝卜块（熟）20克，玉米粒10克，甜豆（熟）30克，奶酪丝50克，橄榄油适量

调味料
白酱2大匙

做法
❶ 取锅，加入少许橄榄油烧热，放入洋葱块和香菇块以小火炒香后，加入南瓜块、胡萝卜块、玉米粒、甜豆、水管面和白酱，以小火炒匀。

❷ 将做法1的水管面盛入焗烤盅内，撒上奶酪丝。

❸ 放入已预热的烤箱中，以上火200℃、下火150℃烤约6分钟至表面呈金黄色即可。

焗奶香白酱面

材料
笔管面（半熟）100克，牛奶100毫升，奶酪块30克，奶酪粉10克，动物奶油15克，奶酪丝适量

调味料
盐3克，白酱30克

做法
❶ 将牛奶和奶酪块加热至奶酪块无颗粒。

❷ 再加入半熟笔管面煨煮后，加入奶酪粉、动物奶油、盐和白酱拌匀，盛入盘中。

❸ 接着撒上奶酪丝，放入已预热的烤箱中，以上火250℃、下火100℃烤5~10分钟至外观略呈金黄色即可。

焗青酱三色面

材料
三色蔬菜螺旋面（熟）133克，土豆泥、罗勒丝、奶酪丝、面包粉各适量

调味料
青酱2大匙

做法
❶ 将三色蔬菜螺旋面和青酱混合拌匀，盛入容器中备用。

❷ 接着挤上土豆泥，撒上奶酪丝、面包粉和罗勒丝。

❸ 放入已预热的烤箱中，以上火250℃、下火100℃烤5~10分钟至外观略呈金黄色，放上罗勒叶（材料外）装饰即可。

焗西蓝花面

材料
笔管面（熟）100克，西蓝花1棵，西红柿丁150克，橄榄油2大匙，水适量，奶酪丝适量

调味料
盐少许，黑胡椒粉少许，意大利什锦香料1小匙

做法
❶ 将西蓝花修成小朵，再放入滚水中略为汆烫，再捞起沥干。

❷ 取一个容器，加入笔管面、西蓝花、西红柿丁、橄榄油、水与所有调味料，混合搅拌均匀备用。

❸ 取一个烤皿，将做法2搅拌好的所有材料一起加入，撒入奶酪丝，再将烤盘放入预热至200℃的烤箱中，烤约10分钟至表面上色即可。

什锦菇千层面

材料
菠菜千层面2片，什锦菇150克，洋葱末30克，奶酪丝50克，高汤300毫升，橄榄油适量

调味料
咖喱块30克

做法
❶ 菠菜千层面放入加了少许橄榄油的滚水中汆烫至熟，捞起沥干水分；什锦菇切丝或小朵，备用。

❷ 热锅，放入什锦菇、洋葱末炒香，加入高汤和咖喱块拌匀。

❸ 先将做法1的一片千层面置于烤盘底，再淋上1/2做法2的材料，撒上1/2奶酪丝，再重复1遍动作将材料用完后，放入烤箱以上火250℃、下火150℃烤约2分钟至呈金黄色即可。

焗海鲜菠菜面

■ 材料
菠菜千层面（熟）2片，什锦海鲜200克，洋葱丁20克，奶酪丝50克，香芹末少许，橄榄油适量

■ 调味料
白酱3大匙

■ 做法
❶ 什锦海鲜放入滚水中汆烫至熟，备用。
❷ 热锅，放入橄榄油，炒香洋葱丁，加入做法1的什锦海鲜与白酱一起拌匀。
❸ 先将一片千层面置于烤盘底，再淋上1/2做法2的材料，撒上1/2奶酪丝，再重复1次动作将材料用完后，放入烤箱以上火250℃、下火150℃烤约2分钟至表面呈金黄色。
❹ 最后撒上少许香芹末装饰即可。

焗奶酪千层面

■ 材料
意大利面皮（熟）9片，鲜奶油3大匙，奶酪粉3大匙，奶酪丝150克，橄榄油适量

■ 调味料
茄汁肉酱适量

■ 做法
❶ 用刷子在深烤盘表面涂上一层橄榄油备用。
❷ 取1张意大利面皮平铺在烤盘底部。
❸ 将茄汁肉酱淋在意大利面皮上，再依序淋上1大匙鲜奶油、奶酪粉，再铺上一层面皮，重复以上动作共3次。
❹ 最后撒一层奶酪丝即为半成品的千层面。
❺ 预热烤箱至180℃，将半成品的千层面放入烤箱中，烤10~15分钟即可。

焗肉酱面饺

 材料

意大利面皮	2片
鸡蛋	1个
动物奶油	适量
奶酪丝	50克
虾仁	8只
奶酪碎	适量

调味料

红酱	8小匙
盐	1小匙
茄汁肉酱	适量

做法

❶ 将意大利面皮放入加了少许盐的沸水中煮熟取出，冲冷水后沥干备用；鸡蛋打散成鸡蛋液备用。

❷ 取1张做法1的面皮，用纸巾吸干表面水分，涂上一层鸡蛋液。

❸ 另取1张做法1的面皮拭干后放在桌面上，依序放上红酱、虾仁、奶酪碎，并以间格等距放在面皮上。

❹ 将做法2的面皮盖在做法3有馅料的面皮上，并将面皮内的多余空气挤出，使馅料与面皮紧密连合，再以滚轮刀切开成8个方形饺子状，备用。

❺ 取一烤盘在表面涂上一层动物奶油后，放入做法4的面饺，并在面饺上淋上适量的茄汁肉酱，再撒上一层奶酪丝，放入已预热至180℃的烤箱中，烤10~15分钟至表面呈金黄色即可。

PART 3

比萨

想吃比萨非得花钱买吗？其实自己做比萨非常简单，只要学会厚皮面团与薄脆面团这两种比萨面团，就可以做出各种你喜欢的比萨。制作比萨过程只要花3个步骤就可以轻松搞定：步骤1，先揉好面团擀成比萨皮；步骤2，涂上底酱再撒上喜欢的馅料与奶酪；步骤3，送入烤箱中。香喷喷美味的比萨就出炉了。

巧做比萨皮

厚片比萨皮

材料

　　高筋面粉 500 克，橄榄油 25 毫升，酵母粉 4 克，30℃温水 280 毫升，鸡蛋液 100 克，盐 5 克

做法

❶ 将酵母粉倒入30℃温水中搅拌均匀备用。

❷ 将高筋面粉过筛成堆，再于面粉堆中间挖一个洞。

❸ 将鸡蛋液加入盐拌匀后倒入做法2的面粉洞中，再依序倒入橄榄油、做法1的酵母水。

❹ 将做法3的所有材料混合均匀成团，用手揉至面团表面呈光滑状。

❺ 取一盆，表面刷上少许橄榄油（分量外），放入做法4的面团，盖上保鲜膜松弛约30分钟。

❻ 取出做法5松弛好的面团分割为适当大小，滚圆后放入容器中，再盖上保鲜膜再度发酵约10分钟。

❼ 工作台上撒上少许高筋面粉，将做法6的面团沾少许高筋面粉，用手压成圆饼状。

❽ 用叉子在面皮上戳小洞即可。

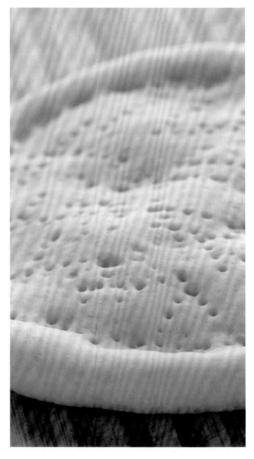

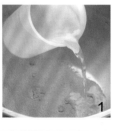

薄脆比萨皮

材料

高筋面粉 500 克，橄榄油 25 毫升，酵母粉 4 克，30℃温水 280 毫升，盐 5 克，白糖5 克

做法

① 将酵母粉倒入30℃温水中搅拌均匀，再加入盐、白糖备用。

② 将高筋面粉过筛成堆，再于面粉堆中间挖一个洞。

③ 在做法2的面粉洞中，依序倒入橄榄油、做法1的酵母水。

④ 将做法3的所有材料混合均匀成团，用手揉至面团表面呈光滑状。

⑤ 取一盆，表面刷上少许橄榄油（分量外），放入做法4的面团，盖上保鲜膜松弛约30分钟。

⑥ 取出做法5松弛好的面团分割为适当大小，滚圆后放入容器中再盖上保鲜膜再度发酵约10分钟。

⑦ 工作台上撒上少许高筋面粉，将做法6的面团沾少许高筋面粉，用手轻推压成圆饼状。

⑧ 用叉子在做法7的面皮上戳小洞即可。

芝心比萨皮

材料

厚片比萨皮 1 片，马兹摩拉奶酪 300 克

做法

① 将马兹摩拉奶酪切成粗条状。

② 在比萨皮边缘卷入马兹摩拉奶酪，再压紧即可。

奶酪卷心比萨皮

材料

厚片比萨皮 1 片，高熔点奶酪 200 克

做法

① 取比萨皮，将边缘卷入高熔点奶酪块。

② 以蛋糕分割器从比萨皮上方压下，将比萨皮压出呈12等份的压线。

③ 再将比萨皮卷起的边缘用刀将每一等份切分成2份，共切成24等份。

④ 依序将切好的外围奶酪卷拉起并转成垂直状即可。

双层奶酪卷心比萨

 材料

奶酪卷心比萨皮	1片
美式腊肠片	20克
奶酪丝	150克
帕玛森奶酪粉	适量
薄荷叶	少许

调味料

红酱	1大匙

做法

1. 取一片奶酪卷心比萨皮备用。

2. 舀1大匙红酱倒在比萨皮中心处，以汤匙底部将红酱从中心向外画圆圈至比萨皮外缘。

3. 于比萨皮上方先铺上少许奶酪丝，取适量美式腊肠片排列在比萨皮上方。

4. 于做法3的比萨上方撒上适量奶酪丝，再排入剩余的美式腊肠片，撒上剩余奶酪丝。

5. 再撒少许帕玛森奶酪粉，放入已预热的烤箱，以上火、下火皆250℃烘烤8~10分钟，至比萨呈金黄色后出炉，摆上薄荷叶装饰即可。

超级什锦比萨

材料
厚片比萨皮1片，奶酪丝100克，美式腊肠30克，黑胡椒牛肉30克，培根片20克，蘑菇片10克，火腿片20克，洋葱丁10克，青椒丁5克，黑橄榄片3克，玉米粒10克

调味料
红酱3大匙

做法
❶ 取一片厚片比萨皮涂上红酱，撒上奶酪丝后，放入已预热的烤箱，以上火200℃、下火150℃烤约6分钟后取出。
❷ 于做法1的比萨皮上摆上剩余材料后，再放入相同火候的烤箱，烤约2分钟即可。

鲜虾菠萝比萨

材料
芝心比萨皮1片，奶酪丝100克，虾仁50克，洋葱20克，菠萝片30克

调味料
红酱2大匙

做法
❶ 将虾仁放入沸水中烫熟后，放入冷水中冰镇，捞起沥干备用。
❷ 洋葱切丝备用。
❸ 取一片芝心比萨皮，涂上红酱，撒上奶酪丝后，放入已预热的烤箱，以上火200℃、下火150℃烤约6分钟后取出。
❹ 摆上做法1的虾仁、做法2的洋葱丝、菠萝片后，再放入相同火候的烤箱，烤约2分钟即可。

海陆豪华比萨

材料
厚片比萨皮1片，双色奶酪丝150克，虾仁50克，墨鱼30克，洋菇20克，培根片50克，鸡腿肉丁50克，牡蛎30克，青椒10克

调味料
茄汁肉酱2大匙

做法
1. 鸡腿肉丁、虾仁、墨鱼、牡蛎放入沸水中烫熟、沥干；洋菇切小片；青椒切小丁。
2. 将茄汁肉酱放在厚片比萨皮中央，以汤匙均匀涂开，放入2/3分量的双色奶酪丝。
3. 撒上做法1的虾仁、墨鱼、牡蛎、洋菇片、鸡腿肉丁、青椒丁以及培根片，再撒上剩余1/3的双色奶酪丝。
4. 烤箱预热至上火250℃、下火100℃，放入做法3的比萨烤8~10分钟即可。

美式腊肠比萨

材料
厚片比萨皮1片，奶酪丝200克，美式腊肠200克，莫扎雷拉奶酪片100克，香芹末少许

调味料
红酱2大匙

做法
1. 取一片厚片比萨皮，涂上红酱，撒上1/2奶酪丝后，摆上1/2的美式腊肠，放入已预热的烤箱，以上火200℃、下火150℃烤约6分钟后取出。
2. 摆上其余材料（除香芹末）后，再放入相同火候的烤箱，烤约2分钟，出炉撒上香芹末即可。

地道美式比萨

材料
厚片比萨皮1片，双色奶酪丝100克，美式香肠8片，甜豆荚4个，黑橄榄4片，帕玛森奶酪丝适量

调味料
番茄酱2大匙，黄芥末酱1大匙

做法
1. 美式香肠切片备用。
2. 将番茄酱放入厚片比萨皮中央，以汤匙均匀涂开，放入双色奶酪丝。
3. 铺上做法1的美式香肠片、甜豆荚、黑橄榄，再挤上黄芥末酱。
4. 烤箱预热至上火250℃、下火100℃，将做法3的比萨放入烤箱中烤8~10分钟，再撒上帕玛森奶酪丝即可。

腊肠薄脆比萨

材料
薄脆比萨皮1片，西红柿30克，蘑菇20克，意大利肉肠100克，奶酪丝100克，黑橄榄片、罗勒叶各少许

调味料
红酱2大匙

做法
1. 将西红柿和蘑菇切片；肉肠切片；罗勒叶擦干备用。
2. 取一片薄脆比萨皮，涂上红酱，撒上2/3的奶酪丝，放入已预热的烤箱，以上火200℃、下火150℃烤约6分钟后取出。
3. 摆上做法1的材料，最后再撒上剩余的1/3奶酪丝，放入已预热的烤箱，以上火200℃、下火150℃再烤约2分钟，最后再放上黑橄榄片和罗勒叶装饰即可。

奶酪火腿比萨

材料
薄脆比萨皮1片，帕玛森火腿6片，玛兹拉奶酪100克，罗勒叶、橄榄油各适量

调味料
红酱适量

做法
1. 取浅型烤盘，刷上一层橄榄油，再放入薄脆比萨皮，让面皮和烤盘完整的黏合。
2. 在做法1的比萨皮上，由内向外以同心圆的方向均匀涂上红酱，记得避免涂到边缘部分的面皮。
3. 在做法2的面皮上刨上适量的玛兹拉奶酪丝，再将烤箱预热200℃，放入比萨烤12~15分钟。
4. 取出做法3烤好的比萨，均匀铺上帕玛森火腿薄片，放上罗勒叶即可。

夏威夷比萨

材料
厚片比萨皮1片，奶酪丝100克，菠萝片50克，火腿片30克，青豆10克

调味料
红酱2大匙

做法
1. 取一片厚片比萨皮，涂上红酱，撒上奶酪丝后，放入已预热的烤箱，以上火200℃、下火150℃烤约6分钟后取出。
2. 摆上菠萝片、火腿片和青豆，再放入相同火候的烤箱，烤约1分钟即可。

海陆双霸比萨

材料
厚片比萨皮1片，奶酪丝100克，墨鱼圈50克，菠萝片、美式腊肠片、熟鸡腿丁、德国香肠片各30克，意式肉肠片、虾仁各20克，青豆10克

调味料
红酱2大匙，白酱2大匙

做法
1. 墨鱼圈和虾仁入沸水烫熟，冰镇后沥干。
2. 取一片厚片比萨皮，1/2片涂上红酱，剩余1/2片涂上白酱。
3. 在红酱部分铺上做法1的海鲜料和菠萝片；在白酱部分铺上美式腊肠、德国香肠、意式肉肠和熟鸡腿丁，撒上青豆和奶酪丝。
4. 放入已预热的烤箱，以上火200℃、下火150℃烤约6分钟即可。

法式虾蟹比萨

材料
厚片比萨皮1片，奶酪丝100克，虾仁100克，蟹肉棒50克，鲍鱼菇30克，洋葱20克，香芹少许

调味料
白酱2大匙

做法
1. 洋葱切丝；香芹切末备用。
2. 取一片厚片比萨皮，涂上白酱，撒上奶酪丝后，放入已预热的烤箱，以上火200℃、下火150℃烤约6分钟后取出。
3. 摆上做法1的洋葱丝和其余材料后，再放入相同火候的烤箱，烤约2分钟取出即可。

海鲜总汇比萨

材料
芝心比萨皮1片，虾仁10只，墨鱼1/2只，蘑菇2朵，洋葱30克，玛兹拉奶酪100克，罗勒叶、橄榄油各少许

调味料
红酱适量

做法
1. 虾仁挑去肠泥；墨鱼切条；洋葱切丝；蘑菇泡水后切片；玛兹拉奶酪刨丝备用。
2. 取一烤盘，内层均匀刷上薄薄的一层橄榄油，放入芝心比萨皮并均匀涂上红酱，撒上适量的玛兹拉奶酪丝，均匀铺上做法1的材料，撒上剩余的玛兹拉奶酪丝。
3. 烤箱预热至200℃，放入做法2的比萨烤12~15分钟，放上罗勒叶装饰即可。

海鲜比萨

材料
厚片比萨皮1片，墨鱼圈适量，鲜虾10只，蛤蜊10颗，奶酪丝、橄榄油各适量

调味料
青酱2大匙

做法
1. 墨鱼圈、蛤蜊、鲜虾分别烫熟后，鲜虾去壳备用。
2. 烤盘上刷上一层薄薄的橄榄油，取一片厚片比萨皮放在烤盘中，比萨皮中间淋上青酱，以向外画圆方式涂满酱汁，再铺上少许奶酪丝，放上虾、墨鱼圈、蛤蜊，续铺上一层奶酪丝。
3. 烤箱预热至250℃，将比萨放入烤箱中烤10~12分钟即可。

海鲜薄脆比萨

材料
薄脆比萨皮1片，虾仁50克，蟹肉棒20克，墨鱼圈50克，西红柿片50克，蘑菇片30克，洋葱圈20克，黑橄榄片5克，奶酪丝100克

调味料
青酱1大匙，红酱2大匙

做法
1. 将虾仁、墨鱼圈、蟹肉棒放入沸水中烫熟后，捞起放入冷水中冷却，沥干备用。
2. 取一薄脆比萨皮，涂上红酱，撒上奶酪丝后，放入已预热的烤箱，以上火200℃、下火150℃烤约6分钟后取出。
3. 摆上所有材料后，放入已预热的烤箱，以上火200℃、下火150℃烤约2分钟，淋上青酱即可。

黄金虾球比萨

材料
芝心比萨皮1片，奶酪丝100克，鲜虾8只，墨鱼50克，明太子沙拉1大匙，菠萝片30克，香芹末1/4小匙

调味料
红酱2大匙

做法
1. 鲜虾洗净，于背部划一刀；墨鱼洗净切圈状，放入沸水中煮熟，捞出放入冷水中冰镇，再捞起沥干，备用。
2. 取一片芝心比萨皮，涂上红酱，撒上奶酪丝后，放入已预热的烤箱，以上火200℃、下火150℃，烤约6分钟后取出。
3. 摆上所有材料，再放入相同火候的烤箱，烤约2分钟即可。

金枪鱼比萨

材料
薄脆比萨皮1片，玉米粒（罐头）30克，金枪鱼（罐头）50克，洋葱20克，青豆15克，奶酪丝适量

调味料
红酱适量

做法
1. 洋葱切圈；金枪鱼沥油；玉米粒沥干。
2. 薄脆比萨皮放入平底锅烤至两面金黄色。
3. 取1大匙红酱，从比萨皮的中心点以向外画圆的方式涂满酱汁。
4. 将少许奶酪丝铺在做法3的比萨皮上，再依序铺上做法1的洋葱圈、玉米粒、金枪鱼肉、青豆，续将奶酪丝铺一层在所有材料上，盖上锅盖，待比萨烤至表面奶酪丝融化即可。

宫保虾球比萨

材料
厚片比萨皮1片，虾仁20克，熟花生仁10克，青葱丝10克，辣椒片5克，奶酪丝100克

调味料
宫保酱1大匙

做法
1. 取1片厚片比萨皮，将宫保酱从中心向外画圆涂至比萨皮外缘，留约1厘米的比萨皮外缘不涂抹。
2. 先在比萨皮上铺上少许奶酪丝，再将其余材料（除青葱丝、辣椒片外）依序排列在比萨皮上。
3. 于做法3的比萨上撒上适量奶酪丝，放入已预热烤箱，以上火、下火皆250℃烘烤8~10分钟，至比萨呈金黄色，撒上青葱丝和辣椒片即可。

蘑菇鲜虾比萨

材料
奶酪卷心比萨皮1片，虾仁10只，蘑菇片15克，奶酪丝100克，帕玛森奶酪粉适量

调味料
青酱1大匙

做法
1. 取一片奶酪卷心比萨皮备用。
2. 舀1大匙青酱倒在比萨皮中心处，以汤匙底部将青酱从中心向外画圆圈至比萨皮外缘。
3. 于比萨皮上面先铺上少许奶酪丝，再将虾仁、蘑菇排列在比萨皮上面。
4. 于做法3的比萨上方再撒上适量奶酪丝，再撒上少许帕玛森奶酪粉，放入已预热的烤箱，以上火、下火皆250℃烘烤8~10分钟，至比萨呈金黄色后出炉即可。

鲜虾罗勒比萨

材料
薄脆比萨皮1片，鲜虾10只，蘑菇50克，奶酪丝适量，橄榄油适量，罗勒叶8片

调味料
青酱适量

做法
1. 鲜虾烫熟剥壳；蘑菇切片，备用。
2. 烤盘上刷上一层薄薄的橄榄油，放入一片薄脆比萨片。
3. 取1大匙青酱，从做法2的比萨皮的中心点以向外画圆的方式涂满酱汁。
4. 将少许奶酪丝铺在比萨皮上，再依序铺上做法1的鲜虾、蘑菇片及罗勒叶，最后再铺一层奶酪丝在材料上。
5. 待烤箱预热温度达250℃，将做法4的比萨放入烤箱中烤5~8分钟即可。

鲜虾洋葱比萨

材料
薄脆比萨皮1片，虾仁200克，洋葱20克，奶酪丝100克，黑橄榄片10克

调味料
白酱2大匙

做法
1. 将虾仁放入沸水中烫熟捞起，放入冷水中冰镇，沥干备用。
2. 洋葱洗净切丝备用。
3. 取一片薄脆比萨皮，涂上白酱，撒上2/3的奶酪丝，放入已预热烤箱，以上火200℃、下火150℃烤约6分钟后取出。
4. 摆上做法1的虾仁和做法2的洋葱丝，接着撒上其余1/3的奶酪丝及黑橄榄片，放入相同火候的烤箱，烤约2分钟即可。

龙虾沙拉比萨

材料
厚片比萨皮1片，双色奶酪丝150克，小龙虾肉150克，洋菇30克，洋葱10克，虾卵1大匙，水菜少许

调味料
沙拉酱3大匙

做法
1. 小龙虾肉、洋菇切片；洋葱去皮切末。
2. 将2/3分量的双色奶酪丝撒在厚片比萨皮上，铺上小龙虾肉、洋菇片、洋葱末。
3. 再撒上剩余1/3奶酪丝。
4. 烤箱预热至上火250℃、下火100℃，放入做法3的比萨烤8~10分钟。
5. 取出比萨，挤上沙拉酱，再撒上虾卵及水菜即可。

奶酪鲜虾比萨

材料
薄脆比萨皮2片，双色奶酪丝150克，奶油奶酪100克，青豆30克，洋葱10克，虾仁100克

调味料
红酱3大匙

做法
1. 洋葱去皮切丁；虾仁烫熟沥干，备用。
2. 取一片薄脆比萨皮，放上奶油奶酪涂匀后，盖上另一片薄脆比萨皮，略压紧备用。
3. 将红酱放在比萨皮上，以汤匙均匀涂开，放入2/3双色奶酪丝。
4. 再撒入青豆、做法1的洋葱丁、虾仁，撒上剩余1/3奶酪丝。
5. 烤箱预热至上火250℃、下火100℃，放入做法4的比萨烤8~10分钟即可。

炸虾比萨

材料
厚片比萨皮1片，双色奶酪丝100克，蘑菇片20克，洋葱末5克，青辣椒圈20克，鲜虾6只，鸡蛋液80克，面粉、面包粉、香松、橄榄油各适量

调味料
番茄酱2大匙，沙拉酱1大匙

做法
1. 鲜虾去头、去壳、留尾，去除肠泥，依序沾裹面粉、鸡蛋液、面包粉，放入油温160℃的橄榄油中，炸至表面金黄，捞起沥油备用。
2. 将番茄酱放在比萨皮中央涂开，放入双色奶酪丝、蘑菇片、洋葱末、青辣椒圈。
3. 烤箱预热至上火250℃、下火100℃，放入比萨烤8~10分钟取出，摆上做法1的炸虾，挤上沙拉酱，撒上香松即可。

三文鱼比萨

材料
厚片比萨皮1片，洋葱丝20克，生三文鱼片80克，奶酪丝80克，罗勒叶少许

调味料
照烧酱1大匙，沙拉酱2大匙，绿芥末1小匙

做法
1. 绿芥末和沙拉酱调匀备用。
2. 取一片厚片比萨皮，以汤匙底部将照烧酱从中心向外画圆涂至比萨皮外缘。
3. 比萨皮上先铺上少许奶酪丝，再撒上洋葱丝、少许奶酪丝，放入已预热烤箱，以上火、下火皆250℃烘烤8~10分钟。
4. 取出，摆上生三文鱼片，涂上少许照烧酱并挤上芥末沙拉酱，用火枪将比萨上的芥末沙拉酱烤成微焦色，摆上罗勒叶即可。

青酱蔬菜比萨

材料
薄脆比萨皮1片，玛兹拉奶酪丝100克，罗勒风味高熔点奶酪片10克，西红柿风味高熔点奶酪片10克，三文鱼丁100克，洋葱丁20克，蘑菇片20克，三色豆10克

调味料
青酱2大匙

做法
1. 将青酱放入薄脆比萨皮中央，以汤匙均匀涂开；放入玛兹拉奶酪丝、三文鱼丁、洋葱丁、蘑菇片、罗勒风味高熔点奶酪片、西红柿风味高熔点奶酪片及三色豆。
2. 烤箱预热至上火250℃、下火100℃，放入做法1的比萨烤8~10分钟即可。

渔夫比萨

材料
薄脆比萨皮1片，双色奶酪丝150克，墨鱼（熟）50克，鲷鱼（熟）30克，虾仁（熟）30克，黑橄榄10克，水菜少许

调味料
红酱2大匙

做法
1. 墨鱼、鲷鱼切丁备用。
2. 将红酱放入薄脆比萨皮中央，以汤匙均匀涂开，铺上2/3分量的双色奶酪丝、做法1的墨鱼丁、鲷鱼丁、虾仁及黑橄榄，再撒上剩余1/3双色奶酪丝。
3. 烤箱预热至上火250℃、下火100℃，放入做法2的比萨烤8~10分钟。
4. 取出做法3的比萨，撒上水菜即可。

糖醋双鲜比萨

材料
厚片比萨皮1片，虾仁（熟）10只，鱿鱼圈（熟）10圈，菠萝片8片，洋葱圈10克，奶酪丝100克

调味料
糖醋酱1大匙

做法
1. 舀1大匙糖醋酱倒在比萨皮中间，以汤匙底部将糖醋酱汁从中心向外画圆圈至比萨皮外缘，留约1厘米的比萨皮外缘不涂抹酱。
2. 于比萨皮上先铺上少许奶酪丝，再将其余材料依序排列在比萨皮上。
3. 于做法2的比萨上再撒上适量奶酪丝，放入已预热的烤箱，以上火、下火皆250℃烘烤8~10分钟，至比萨呈金黄色后出炉即可。

海鲜泡菜比萨

材料
薄脆比萨皮1片，韩式泡菜30克，鱿鱼、虾仁各20克，洋葱、蒜各5克，甜豆荚、蟹味菇各10克，双色奶酪丝100克，橄榄油适量

做法
1. 鱿鱼切圈；洋葱去皮切丝；蒜切片。
2. 热锅，到入少许橄榄油，炒香做法1的洋葱丝、蒜片，再加入韩式泡菜、鱿鱼圈、虾仁、蟹味菇，以大火炒匀备用。
3. 在薄脆比萨皮上铺上2/3分量的双色奶酪丝，再放上做法2的材料及甜豆荚，再撒上剩余1/3分量的双色奶酪丝。
4. 烤箱预热至上火250℃、下火100℃，放入做法3的比萨烤6~8分钟即可。

超级海鲜比萨

材料
厚片比萨皮1片，双色奶酪丝150克，虾仁50克，墨鱼20克，蟹肉棒30克，洋葱丁20克，甜豆荚20克，牡蛎3只

调味料
红酱2大匙

做法
1. 虾仁、牡蛎放入沸水中烫熟沥干；墨鱼、蟹肉棒切段；洋葱切丝，备用。
2. 将红酱放入厚片比萨皮中央，以汤匙均匀涂开，放入双色奶酪丝。
3. 铺上做法1的虾仁、墨鱼段、蟹肉段、牡蛎、洋葱丝及甜豆荚。
4. 烤箱预热至上火250℃、下火100℃，放入做法3的比萨烤8~10分钟即可。

黑椒牛肉比萨

材料

薄脆比萨皮1片，黑胡椒牛肉片100克，鲍鱼菇30克，洋葱10克，奶酪丝100克，莳萝叶末少许

调味料

红酱2大匙

做法

① 鲍鱼菇切片；洋葱切丝备用。

② 取一片薄脆比萨皮，涂上红酱，撒上1/3的奶酪丝，放入已预热的烤箱，以上火200℃、下火150℃烤约6分钟后取出。

③ 摆上做法1的鲍鱼菇、洋葱丝和黑胡椒牛肉片，撒上剩余2/3的奶酪丝，放入相同火候的烤箱，烤约2分钟，撒上莳萝叶末即可。

葱爆牛肉比萨

材料

厚片比萨皮1片，双色奶酪丝150克，牛肉100克，洋葱10克，葱30克，红辣椒2克，橄榄油适量

调味料

黑胡椒酱2大匙

做法

① 牛肉、洋葱切丝；葱切段；红辣椒切片。

② 热锅，放入少许橄榄油炒香做法1的洋葱丝、葱段及红辣椒，再加入牛肉丝与黑胡椒酱以大火炒匀备用。

③ 在厚片比萨皮上放入2/3分量的双色奶酪丝，再放上做法2的的葱爆黑胡椒酱牛肉，再撒上剩余1/3的双色奶酪丝。

④ 烤箱预热至上火250℃、下火100℃，将做法3的比萨放入烤箱烤8~10分钟即可。

风火轮比萨

📋 材料

厚片比萨皮	1片
双色奶酪丝	100克
高熔点奶酪条	200克
小香肠片	50克
洋菇片	30克
火腿片	20克
洋葱末	30克
水菜	适量

🧂 调味料

红酱	3大匙

📖 做法

1. 取厚片比萨皮，边缘卷入高熔点奶酪条。

2. 以蛋糕分割器从比萨皮上方压下，将比萨皮压出呈12等份的压线。

3. 再将做法2比萨皮卷起的边缘，用刀每一等份再切分两等份，总共24等份。

4. 依序将做法3切好的外围奶酪卷拉起并转成垂直状。

5. 将红酱放入做法4的比萨皮中央，以汤匙均匀涂开，铺上双色奶酪丝、小香肠片、洋葱末、洋菇片、火腿片。

6. 烤箱预热至上火250℃、下火100℃，放入做法5的比萨烤8~10分钟，撒上水菜即可。

铁板牛柳比萨

材料
厚片比萨皮1片，奶酪丝100克，鲜嫩牛肉片100克，青椒20克，洋葱10克，蘑菇10克，橄榄油适量

调味料
黑胡椒酱2大匙

做法
1. 将青椒和洋葱切丝；蘑菇切片备用。
2. 热一油锅，炒香洋葱丝、蘑菇片，再加入黑胡椒酱、牛肉片、青椒丝，以小火炒熟即可关火。
3. 取一片厚片比萨皮，放上做法2的材料，再撒上奶酪丝，放入已预热的烤箱，以上火200℃、下火150℃烤约6分钟即可。

牛肉洋葱比萨

材料
薄脆比萨皮1片，双色奶酪丝150克，牛肉50克，洋葱片30克，黄甜椒片20克，罗勒叶末适量

调味料
番茄酱2大匙，黑胡椒酱1小匙，墨西哥辣椒粉1小匙

做法
1. 牛肉切片以黑胡椒酱腌制10分钟。
2. 将番茄酱放入薄脆比萨皮中央，以汤匙均匀涂开，放入2/3分量的双色奶酪丝。
3. 再铺上做法1的黑胡椒牛肉片及洋葱片、黄甜椒片、墨西哥辣椒粉后，撒上剩余1/3分量的双色奶酪丝。
4. 烤箱预热至上火250℃、下火100℃，放入比萨烤8~10分钟，撒上罗勒叶末即可。

141

翡翠牛肉比萨

材料
厚片比萨皮1片，双色奶酪丝100克，牛肉丸
（熟）200克，上海青30克，洋葱20克，洋菇
20克，西红柿30克

调味料
红酱2大匙

做法
1. 洋葱切条；洋菇切片；西红柿切丁；上海
   青切小段，备用。
2. 将红酱放入厚片比萨皮中央，以汤匙均匀
   涂开，铺上双色奶酪丝、上海青、牛肉丸
   及做法1的洋葱条、洋菇片、西红柿丁。
3. 箱预热至上火250℃、下火100℃，放入做
   法2的比萨烤8~10分钟即可。

彩椒牛肉比萨

材料
香肠卷心比萨皮1片（见140页风火轮比萨），黑
胡椒牛肉片30克，洋葱丝10克，红椒丝8克，黄
椒丝8克，奶酪丝100克，帕玛森奶酪粉适量

调味料
照烧酱1大匙，黑胡椒粒1大匙

做法
1. 舀1大匙照烧酱倒在比萨皮中心处，以汤
   匙底部将酱从中心向外画圆圈至比萨皮
   外缘。
2. 铺上少许奶酪丝，将黑胡椒牛肉片、洋葱
   丝、红椒丝、黄椒丝排列在比萨皮上。
3. 再撒上适量奶酪丝，在香肠卷心上撒少许
   帕玛森奶酪粉，放入已预热的烤箱，以上
   火、下火皆250℃烘烤8~10分钟，撒上黑
   胡椒粒即可。

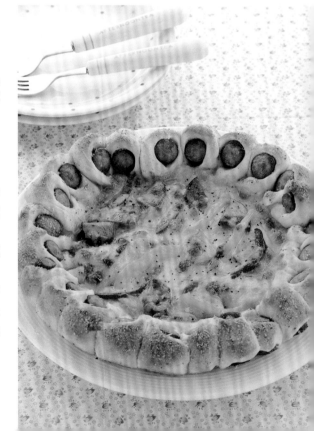

咖喱猪肉比萨

材料
厚片比萨皮1片，猪肉50克，四季豆、洋葱丁、土豆丁各15克，苹果丁、西红柿各20克，鸡高汤500毫升，动物奶油40克，低筋面粉1小匙，奶酪粉、奶酪丝、橄榄油各适量

调味料
咖喱粉1大匙

做法

❶ 将猪肉、西红柿、四季豆切片。

❷ 锅中放入动物奶油烧热，加入做法1的材料以小火炒出香味，加入咖喱粉与面粉拌炒约30秒，加入高汤拌煮5分钟为咖喱酱汁。

❸ 将烤盘刷上一层橄榄油，放入比萨皮，抹上咖喱酱汁，撒上奶酪丝，铺上做法2的咖喱酱汁，撒上适量奶酪丝与奶酪粉，移入预热200℃的烤箱中，烘烤约4分钟即可。

泡菜烧肉比萨

材料
厚片比萨皮1片，奶酪丝100克，泡菜50克，猪肉片100克，葱段20克，橄榄油适量

调味料
红酱2大匙

做法

❶ 热一油锅，放入泡菜、猪肉片和葱段，以小火炒熟，关火备用。

❷ 取一片厚片比萨皮，放上做法1的泡菜猪肉，再撒上奶酪丝，放入已预热的烤箱，以上火200℃、下火150℃烤约6分钟即可。

韩式烧肉比萨

材料
薄脆比萨皮1片，五花肉薄片200克，蒜6瓣，青辣椒30克，奶酪丝、橄榄油各适量

调味料
韩式烧肉酱2大匙

做法
1. 蒜、青辣椒切片，备用。
2. 圆烤盘里刷上一层薄薄的橄榄油，取1片薄脆比萨皮放在烤盘中。
3. 取1大匙韩式烧肉酱，从比萨皮的中心点向外以画圆方式涂满酱汁。
4. 将少许奶酪丝铺在做法3的比萨皮上，依序铺上五花肉薄片、蒜片、青辣椒片，再将奶酪丝铺在材料上。
5. 待烤箱预热温度达250℃，将做法4的比萨放入烤箱中烤10~12分钟即可。

日式烧肉比萨

材料
薄脆比萨皮1片，双色奶酪丝100克，猪肉100克，青辣椒30克，洋葱10克，柴鱼片10克

调味料
照烧酱3大匙

做法
1. 猪肉切片；青辣椒、洋葱切圈备用。
2. 将1/3分量的照烧酱加入做法1的猪肉片拌匀，腌约10分钟备用。
3. 将2/3分量的照烧酱放入薄脆比萨皮中央，以汤匙均匀涂开。
4. 再铺上双色奶酪丝、做法2的猪肉片及做法1的青辣椒圈、洋葱圈。
5. 烤箱预热至上火250℃、下火100℃，放入做法4的比萨烤8~10分钟，取出撒上柴鱼片即可。

叉烧百汇比萨

材料
厚片比萨皮1片，叉烧肉150克，蒜3瓣，青椒50克，玛兹拉奶酪100克，葱丝、橄榄油各适量

调味料
叉烧酱150克

做法
1. 叉烧肉、青椒、蒜切片；玛兹拉奶酪刨丝，备用。
2. 取一烤盘，内层均匀刷上一层薄薄的橄榄油，放入厚片比萨皮并均匀涂上叉烧酱，撒上适量的玛兹拉奶酪丝，均匀铺上做法1的材料，最后加入剩余的玛兹拉奶酪丝。
3. 烤箱预热至200℃，放入做法2的比萨烤约15分钟，出炉后放上葱丝即可。

奶酪腊肠比萨

材料
芝心比萨皮1片，腊肠片100克，奶酪丝、帕玛森奶酪粉、橄榄油各适量

调味料
红酱适量

做法
1. 烤盘上刷上一层薄薄的橄榄油，取一片芝心比萨皮放在烤盘中。
2. 取1大匙红酱，以画圆的方式涂满比萨皮，外围包裹芝心一圈不要涂酱汁。
3. 铺上少许奶酪丝，依序铺上腊肠片、奶酪丝。
4. 接着将外围的芝心圈涂上橄榄油，撒上帕玛森奶酪粉。
5. 待烤箱预热温度达250℃，将做法4的比萨放入烤箱中烤10~12分钟即可。

肉酱腊肠比萨

材料
薄脆比萨皮1片，玛兹拉奶酪丝100克，双色奶酪丝100克，意式腊肠100克，小豆苗20克

调味料
茄汁肉酱2大匙

做法
1. 意式腊肠切薄片备用。
2. 将茄汁肉酱放入薄脆比萨皮中央，以汤匙均匀涂开，放入玛兹拉奶酪丝、双色奶酪丝及做法1的意式腊肠片。
3. 烤箱预热至上火250℃、下火100℃，放入做法2的比萨烤8~10分钟，取出放上小豆苗即可。

德国香肠比萨

材料
芝心比萨皮1片，德国香肠200克，鸡蛋1个，香芹末适量，奶酪丝、帕玛森奶酪粉、橄榄油各适量

调味料
青酱适量

做法
1. 烤盘上刷上一层薄薄的橄榄油，取一片芝心比萨皮放入烤盘中，取1大匙青酱，从比萨皮的中心点向外画圆涂满酱汁。
2. 铺上少许奶酪丝，将德国香肠切片围成圈，再将鸡蛋打散，铺在比萨皮中间，外围比萨皮涂上少许橄榄油，撒上帕玛森奶酪粉。
3. 烤箱预热至250℃，将比萨放入烤箱中烤10~12分钟，撒上香芹末即可。

火腿芝心比萨

材料
芝心比萨皮1片，双色奶酪丝150克，玛兹拉奶酪300克，火腿片50克，青辣椒10克，罗勒叶少许

调味料
红酱3大匙

做法
1. 青辣椒切圈状；玛兹拉奶酪切成粗条状；比萨皮边缘卷入玛兹拉奶酪，备用。
2. 将红酱放入比萨皮中央，以汤匙均匀涂开，放入2/3分量的双色奶酪丝，撒入火腿片、做法1的青辣椒圈，再撒上剩余1/3双色奶酪丝。
3. 烤箱预热至上火250℃、下火100℃，放入比萨烤约10分钟，出炉放上罗勒叶即可。

四重奏比萨

材料
薄脆比萨皮1片，双色奶酪丝150克，美式香肠片100克，意式黑胡椒香肠片100克，火腿片50克，培根片50克，西红柿丁20克，洋葱末20克，黄芥末少许，小豆苗少许

调味料
红酱3大匙

做法
1. 将红酱放入薄脆比萨皮中央，以汤匙均匀涂开，放入2/3分量的双色奶酪丝。
2. 铺上美式香肠片、意式黑胡椒香肠片、火腿片、培根片、西红柿丁、洋葱末、黄芥末，再撒上剩余1/3双色奶酪丝。
3. 烤箱预热至上火250℃、下火100℃，放入比萨烤8~10分钟，放上小豆苗装饰即可。

北京烤鸭比萨

材料
厚片比萨皮1片，烤鸭腿1只，蒜苗1/2棵，蒜适量，玛兹拉奶酪100克，橄榄油适量

调味料
烤鸭酱汁适量

做法
1. 鸭腿、蒜苗、蒜切片；玛兹拉奶酪刨丝备用。
2. 取一烤盘，内层均匀刷上一层薄薄的橄榄油，放入比萨皮，并均匀涂上烤鸭酱汁。
3. 在做法2的比萨皮上，撒上玛兹拉奶酪丝，再均匀铺上做法1的材料，最后撒上剩余的玛兹拉奶酪丝。
4. 烤箱预热至200℃，放入做法3的比萨烤12~15分钟即可。

烤肉鸡柳比萨

材料
厚片比萨皮1片，鸡里脊肉片200克，青辣椒15克，洋葱15克，白芝麻1小匙，奶酪丝、奶酪粉、橄榄油各适量

调味料
烤肉酱适量

做法
1. 将鸡里脊肉片、青辣椒切丝；洋葱去皮切丝。
2. 将烤盘刷上一层薄薄的橄榄油，放入比萨皮，并抹上烤肉酱，撒上奶酪丝，再铺上做法1的材料与白芝麻，最后再撒上适量奶酪丝与奶酪粉。
3. 比萨移入预热至200℃的烤箱中，烘烤6分钟，至奶酪表面呈金黄色即可。

照烧鸡肉比萨

材料
奶酪卷心比萨皮1片,熏鸡肉丝15克,洋葱丝15克,牛蒡丝15克,海苔丝5克,奶酪丝100克,帕玛森奶酪粉适量

调味料
照烧酱1大匙

做法
1. 舀1大匙照烧酱倒在比萨皮中心处,向外画圆圈至比萨皮外缘。
2. 于比萨皮上先铺上少许奶酪丝,再将熏鸡肉丝、洋葱丝、牛蒡丝排列在比萨皮上。
3. 再撒上适量奶酪丝,在奶酪卷心上撒少许帕玛森奶酪粉,放入已预热的烤箱以上火、下火皆250℃烘烤8~10分钟,撒上海苔丝即可。

洋葱鸡肉比萨

材料
薄脆比萨皮1片,鸡腿肉100克,洋葱30克,红甜椒10克,青豆10克,奶酪丝100克

调味料
白酱2大匙

做法
1. 鸡腿肉切丁;洋葱切片;红甜椒切片,备用。
2. 取一片薄脆比萨皮,涂上白酱,撒上1/3的奶酪丝,放入已预热的烤箱,以上火200℃、下火150℃烤约6分钟后取出。
3. 摆上全部材料,撒上剩余2/3的奶酪丝,放入相同火候的烤箱,烤约6分钟即可。

鸳鸯比萨

材料
厚片比萨皮1片，双色奶酪丝150克，鸡胸肉丁100克，鲷鱼丁50克，洋葱丁10克，圣女果片20克，青豆20克，黑橄榄10克

调味料
茄汁肉酱2大匙，咖喱酱2大匙

做法
❶ 将茄汁肉酱涂在比萨皮左边，放入鲷鱼丁及1/3分量的双色奶酪丝；将咖喱酱涂在比萨皮右边，放入鸡丁及1/3分量的双色奶酪丝。

❷ 将洋葱丁、圣女果片、青豆、黑橄榄及剩余的双色奶酪丝均匀撒在比萨上。

❸ 烤箱预热至上火250℃、下火100℃，放入比萨烤8~10分钟即可。

南洋烤鸡比萨

材料
厚片比萨皮1片，双色奶酪丝150克，鸡腿50克，辣椒1/4小匙，葱花3克，西红柿1个，绿豆芽30克

调味料
咖喱酱2大匙

做法
❶ 鸡腿切丁放入烤箱烤熟；辣椒切末；西红柿切片；绿豆芽烫熟，备用。

❷ 将咖喱酱涂在比萨皮上，放入2/3分量的双色奶酪丝、烤鸡腿丁、西红柿片及辣椒末，再撒上剩余的双色奶酪丝。

❸ 烤箱预热至上火250℃、下火100℃，放入做法2的比萨烤8~10分钟，取出比萨，撒上葱花、绿豆芽，再烤30秒即可。

奶油香草比萨

材料
薄脆比萨皮1片，双色奶酪丝100克，鸡胸肉200克，西红柿40克，西蓝花20克，意大利什锦香料1/4小匙，橄榄油少许，油渍朝鲜蓟片4片

调味料
白酱2大匙

做法
1. 鸡胸肉切片，用意大利什锦香料与橄榄油腌制约10分钟，再放入180℃烤箱中烤约1分钟；西红柿切片；西蓝花切小朵备用。
2. 将白酱放入比萨皮中央，以汤匙均匀涂开，铺上双色奶酪丝、香草烤鸡片、西红柿片、油渍朝鲜蓟片、西蓝花。
3. 烤箱预热至上火250℃、下火100℃，放入做法2的比萨烤8~10分钟即可。

熏鸡蘑菇比萨

材料
薄脆比萨皮1片，熏鸡丝100克，蘑菇10克，洋葱10克，青豆20克，奶酪丝100克

调味料
红酱2大匙

做法
1. 蘑菇切片；洋葱切丝备用。
2. 取一片薄脆比萨皮，涂上红酱，撒上奶酪丝，放入已预热的烤箱，以上火200℃、下火150℃烤约6分钟后取出。
3. 摆上全部材料，放入相同火候的烤箱，烤约2分钟即可。

培根熏鸡比萨

材料
厚片比萨皮1片，双色奶酪丝150克，熏鸡肉丁20克，胡萝卜丁10克，培根丁50克，青辣椒丁10克，洋葱丝20克，水菜少许

调味料
红酱2大匙

做法
1. 将红酱放入厚片比萨皮中央，以汤匙均匀涂开，放入2/3分量的双色奶酪丝。
2. 铺上培根丁、熏鸡肉丁、青辣椒丁、洋葱丝及胡萝卜丁。
3. 撒上剩余1/3的双色奶酪丝。
4. 烤箱预热至上火250℃、下火100℃，放入做法3的比萨，烤8~10分钟，放上水菜即可。

洋葱熏鸡比萨

材料
厚片比萨皮1片，西红柿片50克，洋葱圈适量，熏鸡丝60克，玉米粒30克，奶酪丝、橄榄油各适量

调味料
红酱2大匙

做法
1. 烤盘上刷上一层橄榄油，取一片比萨皮放入烤盘中，取1大匙红酱，从比萨皮的中心点向外以画圆方式涂满酱汁。
2. 将少许奶酪丝铺在比萨皮上，再依序铺上西红柿片、熏鸡丝、洋葱圈及撒上玉米粒点缀，最后再铺一层奶酪丝在材料上，放入已预热至250℃的烤箱中，烤10~12分钟，至表面呈金黄色即可。

意式什锦比萨

材料
薄脆比萨皮1片，双色奶酪丝150克，意式香肠丁50克，洋葱丁10克，洋菇片10克，高熔点奶酪丁10克，意大利什锦香料1小匙，罗勒叶、圣女果片各适量

调味料
红酱2大匙

做法
❶ 将红酱放入薄脆比萨皮中央，以汤匙均匀涂开，放入2/3分量的双色奶酪丝。

❷ 放入意式香肠丁、洋菇片、洋葱丁、圣女果片及高熔点奶酪丁，再撒上剩余1/3双色奶酪丝及意大利什锦香料，放入已预热至上火250℃、下火100℃的烤箱中，烤8分钟，放上罗勒叶即可。

咖喱鸡比萨

材料
厚片比萨皮1片，双色奶酪丝100克，鸡腿50克，洋葱20克，三色豆20克，青辣椒10克，蘑菇20克，帕玛森奶酪丝少许

调味料
咖喱酱2大匙

做法
❶ 鸡腿切丁，以1/3分量的咖喱酱腌制10分钟备用。

❷ 洋葱、青辣椒切丁；蘑菇切片，备用。

❸ 将剩余2/3咖喱酱放入厚片比萨皮中央，以汤匙均匀涂开，放入双色奶酪丝、做法1的咖喱鸡腿丁、做法2的洋葱丁、青辣椒丁、蘑菇片及三色豆，放入已预热至上火250℃、下火100℃的烤箱中，烤8~10分钟，撒上帕玛森奶酪丝即可。

青酱烤鸡比萨

材料
薄脆比萨皮1片，玛兹拉奶酪片100克，洋葱丁20克，西红柿片10克，洋菇丁10克，鸡腿肉50克，橄榄油1/2小匙，意大利什锦香料1/4小匙，海苔丝适量

调味料
青酱2大匙

做法
1. 鸡腿肉以橄榄油及意大利什锦香料腌制10分钟，放入烤箱以180℃烤2分钟，切丁。
2. 将青酱放入薄脆比萨皮中央，以汤匙均匀涂开，放入玛兹拉奶酪片、洋葱丁、西红柿片、洋菇丁及做法1的烤鸡腿丁。
3. 烤箱预热至上火250℃、下火100℃，放入比萨烤约8分钟，撒上海苔丝即可。

日式照烧比萨

材料
厚片比萨皮1片，猪肉片30克，青辣椒圈、洋葱圈各4片，红甜椒丁10克，奶酪丝、奶酪粉、橄榄油各适量

调味料
照烧酱1.5大匙

做法
1. 将比萨皮放入抹了橄榄油的烤盘中，移入预热至210℃的烤箱中，烘烤7分钟后取出。
2. 将猪肉片、青辣椒圈、洋葱圈、红甜椒丁混合在一起。
3. 在做法1的比萨皮上均匀抹上照烧酱，均匀撒上奶酪丝，再均匀铺上做法2的材料，最后再撒上适量奶酪丝与奶酪粉。
4. 将做法3移入预热至200℃的烤箱中，烘烤约6分钟至奶酪表面呈金黄色即可。

墨西哥辣比萨

材料
薄脆比萨皮1片，墨西哥辣椒碎10克，洋葱丁30克，美式腊肠片150克，青豆20克，奶酪丝100克

调味料
茄汁肉酱2大匙

做法
1. 热锅放入墨西哥辣椒碎炒香后，再加入茄汁肉酱炒匀。
2. 取一片薄脆比萨皮，涂上做法1的辣味肉酱，撒入2/3的奶酪丝，放入已预热的烤箱，以上火200℃、下火150℃烤约6分钟后取出。
3. 摆上洋葱丁和美式腊肠片，最后再撒上剩余1/3的奶酪丝，放上青豆，放入相同火候的烤箱，烤约2分钟即可。

意式肉酱饺

材料
厚片比萨面团2个(参考122页做法1~5)，鸡蛋1个，奶酪丝50克

调味料
茄汁肉酱200克

做法
1. 将2个厚片比萨面团分别擀成直径约20厘米的圆饼状；将鸡蛋打散成鸡蛋液，备用。
2. 取茄汁肉酱放在比萨皮的一侧，撒上奶酪丝，在边缘刷上鸡蛋液，将比萨皮对折，边缘压紧，并将边缘折成花边状。
3. 外表刷上鸡蛋液，放入已预热至220℃的烤箱中，烤至膨胀即可。

玛格丽特比萨

材料
薄脆比萨皮1片，圣女果10颗，罗勒叶6片，意大利香料粉适量，玛兹拉奶酪100克，香芹叶少许，橄榄油适量

调味料
红酱适量

做法
1. 圣女果切片；玛兹拉奶酪刨丝备用。
2. 取一烤盘，内层均匀刷上一层薄薄的橄榄油，放入薄脆比萨皮并均匀涂上红酱，撒上适量的玛兹拉奶酪丝。
3. 在做法2的比萨皮上均匀铺上做法1的圣女果片和意大利香料粉。
4. 烤箱预热至200℃，将做法3的比萨放入烤箱烤约15分钟，放上罗勒叶和香芹叶即可。

乡野青蔬比萨

材料
厚片比萨皮1片，奶酪丝100克，菠萝20克，蘑菇20克，黑橄榄片10克，芦笋6支

调味料
红酱适量

做法
1. 菠萝切小片；蘑菇切片备用。
2. 取一片厚片比萨皮，涂上红酱，撒上奶酪丝后，放入已预热的烤箱，以上火200℃、下火150℃烤约6分钟后取出。
3. 摆上做法1的菠萝片、蘑菇片和其余材料后，再放入相同火候的烤箱，烤约2分钟即可。

蔬菜比萨

材料
厚片比萨皮1片，双色奶酪丝100克，蘑菇30克，玉米粒10克，芦笋5克，圣女果5克，黑橄榄5克，西蓝花20克

调味料
番茄酱2大匙

做法

❶ 蘑菇、圣女果切片；芦笋切段；西蓝花切小朵，备用。

❷ 将番茄酱放入厚片比萨皮中央，以汤匙均匀涂开，放入双色奶酪丝及所有蔬菜。

❸ 烤箱预热至上火250℃、下火100℃，再放入做法2的比萨烤8~10分钟即可。

彩蔬比萨

材料
厚片比萨皮1片，奶酪丝100克，红辣椒20克，青辣椒10克，洋葱10克，鲍鱼菇30克

调味料
红酱适量

做法

❶ 将红辣椒、青辣椒和洋葱洗净，切圈状备用。

❷ 取一片厚片比萨皮，涂上红酱，撒上1/2奶酪丝后，放入已预热的烤箱，以上火200℃、下火150℃烤约6分钟后取出。

❸ 摆上做法1的红辣椒圈、青辣椒圈、洋葱圈和其余材料后，再放入相同火候的烤箱，烤约2分钟即可。

芦笋培根比萨

材料
薄脆比萨皮1片，培根片100克，芦笋6支，蘑菇20克，黑橄榄片20克，奶酪丝100克

调味料
红酱适量

做法
1. 蘑菇洗净切片备用。
2. 取一片薄脆比萨皮，涂上红酱，撒上2/3的奶酪丝后，放入已预热的烤箱，以上火200℃、下火150℃烤约6分钟后取出。
3. 再摆上做法1的蘑菇片和其余材料，接着撒上其余1/3的奶酪丝，放入相同火候的烤箱，烤约2分钟即可。

意式蔬菜比萨

材料
薄脆比萨皮1片，洋葱丝、栉瓜片各30克，蘑菇片、西红柿片、黑橄榄片各25克，奶酪丝、橄榄油各适量

调味料
红酱适量

做法
1. 将比萨皮放入刷了一层薄薄橄榄油的烤盘中，取1大匙红酱，从中心向外画圆，涂满酱汁。
2. 将少许奶酪丝铺在做法1的比萨皮上，再依序铺上栉瓜片、西红柿片、蘑菇片、洋葱丝及黑橄榄片，续将一层奶酪丝铺在所有材料上。
3. 待烤箱预热温度达250℃，将比萨放入烤箱中烤5~8分钟，至表面呈金黄色即可。

鲜果奶酪比萨

材料
厚片比萨皮1片，苹果片35克，蔓越梅干1大匙，白葡萄干1大匙，朗姆酒150毫升，熟核桃碎1/2小匙，橄榄油、奶酪丝、奶酪粉各适量

调味料
奶酪抹酱1.5大匙

做法
1. 比萨皮放入抹了一层橄榄油的烤盘中，移入预热至210℃的烤箱中，烤约7分钟至颜色呈金黄色后取出。
2. 蔓越梅干、白葡萄干加入朗姆酒泡软。
3. 在做法1的比萨皮上抹上奶酪抹酱，均匀撒上奶酪丝，铺上做法2的材料和苹果片、熟核桃碎，再撒上适量奶酪丝与奶酪粉。
4. 将做法3的材料移入预热至200℃的烤箱中，烤约6分钟，至奶酪表面呈金黄色即可。

水果比萨

材料
厚片比萨皮1片，苹果片35克，猕猴桃片35克，葡萄干1大匙，橄榄油、奶酪丝、奶酪粉各适量

调味料
白酱1.5大匙

做法
1. 将比萨皮放入抹了一层橄榄油的烤盘中，移入预热至210℃的烤箱中，烘烤约7分钟，至颜色呈金黄色后取出。
2. 在做法1的比萨皮上抹上白酱，均匀撒上奶酪丝，铺上苹果片、猕猴桃片与葡萄干，再撒上适量奶酪丝与奶酪粉。
3. 将做法2的材料移入预热至200℃的烤箱中，烘烤约3分钟，至表面呈金黄色即可。

肉桂苹果比萨

材料
薄脆比萨皮1片，苹果300克，无盐奶油1大匙，柠檬皮丝适量，糖粉1大匙

调味料
白糖2大匙，朗姆酒2大匙，肉桂粉1小匙，水200毫升

做法
1. 苹果去皮、去籽，切成瓣状备用。
2. 热平底锅，加入无盐奶油，将做法1的苹果瓣煎香后，加入所有调味料，以小火慢慢煮至苹果焦香浓稠，离火备用。
3. 在薄脆比萨皮上放入做法2中的苹果排列整齐。
4. 烤箱预热至上火200℃、下火100℃，放入做法3的比萨烤10~12分钟取出，撒上糖粉与柠檬皮丝即可。

棉花糖比萨

材料
薄脆比萨皮1片，香蕉片200克，棉花糖2颗，无盐奶油1大匙，彩色巧克力米适量

调味料
白糖1小匙，巧克力酱1大匙

做法
1. 热锅，加入无盐奶油、切片的香蕉及白糖，以小火慢慢煎至香蕉呈现金黄色，离火备用。
2. 薄脆比萨皮铺上煎过的香蕉片，淋上巧克力酱，放入已预热至上火200℃、下火100℃的烤箱中烤6~8分钟。
3. 取出比萨摆上棉花糖再烤1分钟至棉花糖略融化，撒上彩色巧克力米即可。